国家出版基金项目
NATIONAL PUBLICATION FOUNDATION

"认识中国·了解中国"书系

"十三五"国家重点出版物出版规划项目

当代中国伦理的变迁

姚新中　王水涣　著

中国人民大学出版社

·北京·

目　录

导论：中国人伦理的特质、历史与现代意义

伦理是中国古代哲学家思考的主要领域。西方与中国接触历史中的早期传教士和汉学家甚至称中国古代的哲学就是伦理学。自宋代以来，作为中国思想标杆的“四书”（《论语》《孟子》《大学》《中庸》）等儒家核心经典，所表现的哲学主题大致可以归为现代学科分类中的伦理学。“伦理”概念虽为古代和现代中国人所通用，但“伦理学”这一名词在中文语境里出现并被逐渐接受，是从晚清才开始的。为了便于读者理解中国古代与现代文本中“伦理”和“伦理学”的内涵演变，有必要对这一思想发展史进行简要的回溯。

一、伦理学在近代中国

“伦理”一词在古代汉语中渊源很深，“伦”本来就有“道理、义理”的内涵。例如，《尚书・周书・洪范》中周武王向箕子询问治国之道时说，“我不知其彝伦攸叙”；成篇于战国前期的《礼记・乐记》言，“凡音者，生于人心者也。乐者，通伦理者也”；东汉大儒郑玄注《礼记・乐记》称，“伦，尤类也。理，分也”[1]，认为“伦理”是事物的秩

---

① 郑玄. 十三经古注：第5册. 北京：中华书局，2014：1014.

序条理；汉初名臣贾谊在《新书·卷三·时变》中说，“商君违礼义，弃伦理，并心于进取，行之二岁，秦俗日败”，此处的“伦理”虽然指秦国旧俗制度，但显然也具有道德内涵。此后1 000多年，“伦理”一词的内涵和外延就是在这两种主要意义上使用的，既意指社会、习俗、舆论、伦常所内含的礼仪、关系、规范、原则，又包括个体内在的情感、意志以及付诸实践的行为、处事方式。例如，儒家的“修身”、佛教的“修行”与道教的“修真”就承担着对各自伦理规范的实践。从儒家的角度来看，自然正当而合乎民情的“伦理”之确立，依赖于有道德觉知的个体勤谨修身，故从战国到秦汉，再到魏晋南北朝和隋唐五代，“伦理”一词的内涵基本稳定。例如，唐代著名诗人韩愈在《谢自然诗》中称，“人生有常理，男女各有伦”，根据诗歌互文的修辞手法，这里的“理”和“伦”都具有“伦理”一词的内涵。从宋朝开始，“修身”与新兴学术思潮——理学更密切地结合起来。

宋代理学家在“自然法则”与“道德原则”等多重意义上广泛使用“伦理”一词。明道先生程颢（1032—1085）批评当时的异端思想“言为无不周遍，实则外于伦理”（《二程集·明道先生行状》）。朱熹在《朱子语类》卷十一中说，“读史当观大伦理、大机会、大治乱得失”；该书卷七十二称，“正家之道在于‘正伦理，笃恩义’”。这其中的“伦理”，与我们今天使用的“伦理”一词的概念外延已十分接近。

19世纪下半叶，中国人开启了对伦理和伦理学理解的新阶段，而现代中国人对欧洲近代“伦理学”的接受、理解路径，受到日本学者的很大影响。1853年黑船事件之后签订的《日美亲善条约》，迫使日本向美国和欧洲强国陆续开放门户。大规模传入日本的“西学”，首先刺激日本学者用传统中国汉字概念组词对译西方学术名词，井上哲次郎（1855—1944）在1881年出版的《哲学字汇》中把“ethics”译为“伦理学”；同时代学者井上圆了（1858—1919）在1887年出版的《伦理学通论》中，称“伦理学”相当于西洋学术中的“ethics”或者“moral philosophy”，在1912年井上哲次郎与其他两位学者合编的《英独佛和哲学字汇》中，井上哲次朗再次确认“ethics”对应的“和字”是“伦理学”[1]。由于当时中国和日本频繁的学术交往，“伦理学”这一译名被密切关注日本学术动态的康有为、梁启超等人注意，他们首先通过翻译介绍日本学术书籍而使该词进入中国，康有为的《日本书目志》（1898年刊刻）和梁启超的《东籍月旦》（1899年发表），是中国学者首先自觉采用“伦理学”这一概念来对译“ethics”。

虽然以“伦理学”对译“ethics”为19世纪末期之事，但此前少数中国人已经通过传教士知道西方“ethics”学问的存在。明末来华传教的意大利耶稣会士艾儒略（Giulio Aleni，1582—1649）曾经将拉丁文中“伦理学”一词——“ethica”音译为“厄第加”，称其内容是“修齐治平之学”，又译为“察义理之学”，这成为影响后来清末传教士理解翻译“ethics”的一个重要参考[2]。艾儒略也是最早把亚里士多德的哲学伦理学思想介绍到中国的学者之一，他在《西学凡》和《性学粗述》等著作中，比较系统地介绍了经过托马斯·阿奎那（Thomas Aquinas，1225—1274）重新解释的亚里士多德的伦理学观点，也笼统介绍了其他一些欧洲学者的伦理概念。17世纪中期起，中国清政府和罗马教廷因“中西礼仪之争”交恶，大批耶稣会士先是被驱逐到澳门，后来又被教皇召回欧洲，中欧文化交流也随之跌入低谷。但《西学凡》等图书在中国并未禁毁，该书中所介绍的“斐录所费亚”等“理科”之学中包含的欧洲伦理学内容，也一直保存在中国的《天学初函》和《四库全书存目丛书》等丛书中。

20世纪初以来，中国学者对“ethics”的翻译陆续出现过“劝善书”“伦类学”“性理学”“是非学”等译名，著名翻译家严复对“ethics”的翻译起初是音译为“伊迪格斯”或“德行之学”（参见严复所译斯密《原富》），在后来翻译穆勒《群己权界论》时，严复则接受了

---

① 关于“伦理”概念经由近代日本学者重新翻译阐释而进入现代汉语的情况，据黄进兴介绍，台湾学者陈玮芬曾撰有文《“伦理”“道德”概念在近代日本的转化与再生》讨论，旅日学者沈国威在著作《新语往还：中日近代语言交涉史》中亦有提及，此处所概括之情况主要参考：黄进兴．从理学到伦理学：清末民初道德意识的转化．北京：中华书局，2014：87.

② 潘凤娟．西来孔子艾儒略：更新变化的宗教会遇．天津：天津教育出版社，2013：259.

康梁一派的“伦理学”译法[①]。此后随着蔡元培《中国伦理学史》和刘师培《伦理教科书》等经典著作的流行，“伦理学”作为一门主要与道德相关的哲学门类，在中国现代学科分类体系中获得了自己的地位。比较高深的“伦理”课程，往往是在学习“修身”一段时间后才开始的。从民国时期中小学“修身”课程的普遍开设，到今天大学里的“思想道德修养”课程仍然受到重视，都可以映射出以“修身”为重要内涵的道德教育在现代中国人伦理思想与实践中的重要地位。

如上文所述，“伦理学”一词在近代中国接受过程中有明显的西学因素，引进介绍西学的先驱学者们不再像明末的艾儒略那样，直接将“ethics”等同对译为“修齐治平之学”“察义理之学”，而是做出了两种区分：一是将以往先秦儒家的修齐治平学说和宋明理学的道德论说统称为“旧伦理”，而将注重“公德”“公法”“社会”“国家”等新内容的论说称为“新伦理”[②]。二是根据不同的学校背景和教育阶段突出不同的重点，在课程设置和教材编纂方面有意表现“伦理”与“修身”的异同，例如，教会所办的学堂和中国人所办的着重传授西学的学堂，往往有“伦理”教材和课程；中国传统学堂在初级教育和中等教育阶段仍以“修身”课程为主，到了高等教育阶段，则往往要涉及“伦理”，京师大学堂在1903年颁布的《暂定各学堂应用书目》中包含“修身伦理”这一门类，称“修身”重私德，“伦理”兼及公德[③]，也和梁启超同期发表的《论公德》一文中的说法接近。

中国近代“伦理”和“伦理学”概念流行，并逐渐取代传统的“道学”“理学”“宋学”等名目，用以指代道德哲学相关内容，这也和清末学制改革及新式伦理教科书的编纂和印刷发行迅速扩张有关。对此问题已有学者做过专门研究，但这不是本书论述的重点。值得关注的是，在

---

① 黄进兴. 从理学到伦理学：清末民初道德意识的转化. 北京：中华书局，2014：90-91.

② 如梁启超《新民说》第五节“论公德”第二段即有如此区分，“今试以中国旧伦理与泰西新伦理相比较”，见于：梁启超. 饮冰室合集：专集：第3册. 北京：中华书局，2015：12-13.

③ 同①108.

近代以来“伦理学”逐渐取代“理学”的过程中，中国传统伦理思想系统是通过怎样的曲折传承，避免了在新式教育体制中被全面压缩或清除？

其实追溯晚清西力东迫、西学东渐双重影响下中国士人对保持民族文化主体性地位的自觉历程就可以发现，传统伦理道德恰恰是洋务运动以来部分官僚的“中体西用”观点赖以成立的基础和依据。从平定太平天国到所谓的“同治中兴”时代，持“中体西用”论的高官和很多士大夫儒生的共识是：中国当时所遭遇的困境只是在器物层面出了问题，中国的道德精神文化仍然是优越于世界其他国家和地区的。根据当时出使西洋各国的外交官所写的奏报、游记与书信等作品来看，欧洲各国从1848年革命开始遭遇工人罢工和民族分歧等现代社会运动冲击，自此以后西方主要大国都不大太平：除了英国基本保持繁荣稳定外，法国在拿破仑三世等政客的政治运作下广泛参与国际事务，国内阶级冲突此起彼伏，内忧外患不断；普鲁士则陆续与奥匈帝国和法国开战，虽然战绩辉煌却杀戮众多，引发民族仇恨、潜伏战争风险；俄国则有1856年克里米亚战争失败的“国耻”，以及无政府主义者制造的种种动乱。相比之下，清政府虽然这一时期也遭受过北京陷落、圆明园被焚烧等重大打击，但在“自强求富”名义下取得的一系列现实成绩，加上部分身居高位、崇尚理学的名臣（如倭仁与曾国藩）对传统道德的鼓吹，使传统伦理在知识分子中间重新取得了认同，传统伦理不仅没有受到彻底质疑，而且还成为“中华文明”富有自我修复能力的佐证，这一情形一直持续到1894年前。

1894年甲午战争的失败对中国思想界的刺激不啻“天崩地裂”，此后身居时代新风气前沿——广东省的康有为、梁启超师徒先后进京参与议政，他们要求改革政治和教育制度的激进倡议也得到了光绪皇帝和部分大臣的支持，“修齐治平之学”及与之配套的政教体制的有效性则开始受到严重质疑。康有为的系列变法奏折上疏，虽未明确提及“伦理”“公德”等问题，但已经明确建议“开制度局于宫中”“将一切政事制度重新商定”，其建议新开设的“十二局”中，法律、学校、游历、社会四局均可能引起伦理观念变化，康有为也明确指出“考中国败弱之由，百弊丛积，皆由体制尊隔之故”，明确点出中国当时战败衰弱源于体制问题。

戊戌维新失败之后仅仅两年，1900 年夏季发生了“庚子国变”，八国联军攻入北京，慈禧太后与光绪帝被迫逃到离京城上千公里远的西安，士人阶层的危机感更加深重，不得不把改革的方向引向更深层次的伦理问题上来。无论是梁启超这样流亡海外热心议政的言论巨擘，还是清末学部主办的《学部官报》或《预备立宪官话报》这样“半公半私”的报刊，都宣传“救中国必先培养国民之公德”，认为中国旧伦理只在私德上有一定成就，在“平等”“尚武”“女权”等方面明显不足，在改造国民精神和团结御侮等问题上，旧伦理更显得力不从心。当时的新潮人物蒋梦麟认为自己脑中的旧道德基础“像遭遇地震一样开始摇摇欲坠”①；顾颉刚则称有了新的“伦理常识”之后再去看宋明理学的书，觉得处处都是谬误。1916 年陈独秀发出著名的“伦理的觉悟，为吾人最后觉悟之最后觉悟”的呼吁，宣称要推翻孔教伦理，另立新伦理，旧伦理体系的彻底改造在一部分知识分子眼里已是迫在眉睫。

不过，知识分子表现出的在理论上的张扬姿态，并不一定能为当时的实际政权掌握者所认同和接受，清朝灭亡之后长期把持北京政权的北洋军阀统治集团，其执政者多数对传统修身道德体系保持同情；即使 1928 年之后南京国民政府在名义上统一全国，实际执掌政权的蒋介石发起的“新生活运动”也仍以修身为主干；若干“新文化运动”的名人，也多数在旧道德体系影响下比较克制而保持着符合传统伦理的生活方式（如胡适等）。当时固然出现了一批思想和行为都很激进的新锐人物，其打破“旧道德”的言行也确非旧伦理所能约束（如文化名人徐志摩离婚又结婚，对此梁启超曾站在旧道德立场予以批评申斥），以修身为本的传统伦理在现代中国并未完全退出舞台，直到它以与工作或职业相联系的“某某修养”的名义在新文化中逐渐扎下根来，并获得新式社会规范

① 黄进兴. 从理学到伦理学：清末民初道德意识的转化. 北京：中华书局，2014：129-130.

的认同，传统伦理的近代转型才算全面展开。

二、中国古代伦理的阐释

中国古代伦理是指以儒家“修齐治平”为基本内容的纲常名教体系。这样的一个体系自汉代成为主流意识形态后，由历代学者相继改进修正补充，因其适应农业文明主导的社会形态而保持着长期的稳定状态。即使经历了如魏晋南北朝300余年的分裂和13—14世纪的游牧民族自北而南逐渐扩展的统治，维持儒家伦理纲常的制度体系曾多次被打破，但儒家伦理纲常又在缓慢的调整适应中与异质文化逐渐涵化，并且最终获得官方的承认而趋于复兴、重归正统，这一历史过程显示出以儒家为代表的中国传统伦理系统的内在生命力。虽然从南北朝开始就有儒、释、道“三教并立”的提法，到唐代更是出现了官方认可“三教讲论”的固定制度，但佛教和道教的出世倾向，使它们在世俗伦理方面的理论阐述和制度构想远不如儒家丰富，只能通过汲取儒家伦理思想而并入中国文化的主流，当然后期的儒家伦理也从佛道两家的宇宙论、世界观、生死观中汲取营养来丰富自己。因此本书讨论中国人的伦理时以儒家伦理为主线，在涉及与道教和佛教有密切关联的特定伦理时也会进行一些相关讨论。

自晚清西学东渐以来，中国人的伦理世界发生了巨大变化。由于饱经内忧外患冲击和外来思潮鼓荡，更由于20世纪中后期迅猛的现实变化与观念变迁，现代中国人的伦理价值、观念、规范与实际道德状况，与传统的伦理道德差别已相当大。本书如果还只是单纯介绍“五伦”“五常”的规范内涵，或者按照历史顺序逐人逐书、按部就班介绍中国伦理学史上先贤名家的伦理学说，且不论篇幅受限，也必然会使读者提出一些重大的疑问：我们所展现的伦理在现代的中国和历史上的中国具有同样的形态吗？中国人的伦理世界是如何从2 000多年前的孔孟时代转化成为我们今天的道德生活情境，并一以贯之地发挥作用呢？为了释疑解惑，我们在本书中将采用国人熟知且仍在使用的伦理概念框架，并在此基础上，对这些伦理概念如何与当下的道德规范相通做出说明，并简要地阐述其变迁的时空路径。

与本书所讨论的问题相近的还有一类著作，它们讨论的是与中国人的伦理观念和行为密切相关的主题，但主要以类似社会学和人类学的观察方法，记录当时当地的案例经验，并在此基础上总结出一些伦理现象，而这类现象往往为晚清民初兴起的“国民性”概念所统领。例如，100多年前美国传教士明恩溥（Arthur Henderson Smith，1845—1932）在华北传教观察的基础上所写的《中国人的气质》（*Chinese Characteristics*，1894），据说曾经激发鲁迅弃医从文，也受到学者潘光旦、李景汉等人的肯定。某些报刊的宣传语，甚至向西方读者称该书曾被20世纪初英美主流社会当作了解中国人性的重要参考书之一。与这类形象生动的著作相比，本书注重对经验现象背后宏观伦理规范的把握和阐释，虽然也会有适量的道德经验描述，但并不尝试大量引用中国人日常生活中的伦理现象作为例证。

关于传统中国伦理在现代社会的转换表达，有些学者已经提出“新纲常”等比较系统的方案。例如，伦理学者何怀宏要以“民为政纲、义为人纲、生为物纲”代替“旧三纲”，以“天人和、族群宁、群己公、人我正、亲友睦”补充旧时的仁、义、礼、智、信“五常德”[①]，他从“三纲”“五常伦”“五常德”“信仰”正名等角度对比“旧伦理”和“新伦理”，并提出自己的一整套伦理方案设想，这些论述与本书主旨有一定的重合之处。本书旨在描述深受传统制度与理念传承影响的中国人的伦理，并在分析评价其近代转换路径的基础上为其注入现代内涵，以历史为经，以个人伦理实践中所要处理的与自我、家庭、社会、国家、环境等方面的关系为纬，构建本书的基本论述框架。而在有关中国人的伦理讨论中至今仍然在使用的一些基本命题，例如，义利之辩、理欲之分与公私取舍、知行关系，以及家、国、天下等概念，也仍然作为本书的

① 何怀宏．新纲常：探讨中国社会的道德根基．成都：四川人民出版社，2013．

重要讨论对象，因为只有在这些命题在场的情况下，古代贤哲有关伦理问题的思考才能更自然地呈现，而现代伦理观念和实践也才能具有丰富的中国性。

本书不仅关注传统伦理与现代伦理之间的张力，而且自觉地把中国人的伦理放置在世界伦理的大背景之下来讨论。全球化在很多方面已经成为当下人们生活中绕不开的现实存在，即使我们讨论的是中国人的伦理，也不可避免地要涉及中国与世界之间的伦理互动，特别是我们之外的世界如何看待传统气息浓厚的中国人的伦理，因为这种来自“异域之眼”的观察往往会带给我们一些独特的启发。例如，20 世纪 50 年代以来在欧美国家兴起的美德伦理学，其作为对文艺复兴以来以规则为基础的现代道德哲学的批评反思的成果，在欧美学术界引发了持久的讨论，从 20 世纪 90 年代起也引起了中国学者的关注，不少论著尝试从美德伦理的角度出发论证儒家伦理对当代世界道德哲学建构的意义。尽管秦代以后的古代中国并未出现过类似欧洲启蒙运动以来倡导的那种“规则伦理”全面主导的时代，因而儒家伦理也不大可能作为该“规则伦理”的对立面而被定义和发挥作用，但是从现代美德伦理的角度出发观察先秦儒家伦理与亚里士多德伦理学，仍可以发现二者的异中之同（如道德理由的目的论特征）与同中之异（人与自然的连续性是否完整以及理性是否居于心灵结构的核心），相同的理论结构可为当代人们思考共同面临的时代道德问题提供一些共识基础。

中国传统的伦理体系并非一成不变，即使那些最基本的伦理观念的形成，往往也经历了复杂的历史过程。一个富有德性的君子应该具备哪些内在品质？修习实践这些品质的常见渠道有哪些？修养进程中应该遵循哪些基本原则？对于这些基本问题，儒家伦理的主要思想家均有论说，并在历史变迁中采取了适应性的修正增减，这些修正增减往往与特定的历史政治背景下权力对文化的改造利用有关。例如，孔子说过，“君子道者三，我无能焉：仁者不忧，知者不惑，勇者不惧”（《论语·宪问》），后来在《中庸》中概括为智、仁、勇“三达德”，与之相应的是君臣、父子、夫妇、兄弟、朋友之交的“五达道”，前者可以看作对君子德性内容的规定，而后者则是这些品质展开或实践的途径。孟子所强调的是仁、义、礼、智四种品德，与之相应的“五伦”仍是君臣、父子、夫妇、兄弟、朋友关系。但这些品德本来只是对个人修养提出的指导建议，是一种双向的义务关系，并无要求单方面绝对服从的内涵，孟子尚且在齐宣王面前发表过“君之视臣如土芥，则臣视君如寇雠”（《孟子·离娄下》）这样激烈的言论，可见早期思想家在论述君臣关系时，并不带有单方面强制性。西汉大儒董仲舒阐发了“三纲”“五常”的基本内涵，并以具有宇宙观意义的阴阳概念来阐释，称“君臣、父子、夫妇之义，皆取诸阴阳之道”（《春秋繁露·基义》）。后来以“阳尊阴卑”之义来规定君臣、父子、夫妇之间的伦理关系遂成为新的解说，东汉章帝时作为官方政治伦理原则撰集的《白虎通》即以此为依据，将“三纲”明确为“君臣、父子、夫妇”，但真正明确地对“三纲”做出“君为臣纲，父为子纲，夫为妻纲”这种单方面的义务解读的，是据称出于汉代的纬书《礼纬·含文嘉》[①]。在《白虎通》中与“三纲”并行的是“六纪”，即诸父、兄弟、族人、诸舅、师长、朋友，它与“五常”有重合又有区别，足见即使是在同一文化共同体内，各个历史时代的人们重视的道德要求的具体内涵也有差别。今天很多读者之所以更熟悉“三纲五常”的表述，其实是受宋儒朱熹（1130—1200）等人的影响，如朱熹在著名的《四书章句集注》中阐释孔子的“三代损益”时，就讲道：“三纲五常，礼之大体，三代相继，皆因之而不能变。其所损益，不过文章制度小过不及之间，而其已然之迹，今皆可见”（《四书章句集注·论语集注·为政第二》）。由于元朝中期起直至清末的科举都用朱熹对“四书”的注释作为考试依据，他关于“三纲五常”的论述遂为普通读书人所熟知。甚至南宋以后流行的蒙学经典《三字经》中，也有“三纲者，君臣义。父子亲，夫妇顺”这样的伦理原则表达，可见“三纲五常”在长期的演化中，已逐渐超出了原有的学术建构的论辩范围，而通过与考试制度和日常教育融合，实现了其习俗化、生活化、制度化的转型，在宋元以

---

① 陈立. 白虎通疏证. 北京：中华书局，1994：373.

后的古代中国取得了基础伦理原则的地位，并且保持了数百年的稳定。

但是自从晚清中国遭受西方列强东渐的压迫以来，原来被认为亘古不易的“纲常名教”首先在对外关系上遭遇挫折：中国君主须与外国君主平级而不可独尊，处理来华外国人的问题往往不能单纯依靠以往的纲常伦理原则。而中华民国建立以后以建设近代法治国家为目标，首部具有宪法意义的《中华民国临时约法》规定“中华民国人民一律平等”，此后几部宪法虽在权利划分上有区别，但承认公民资格平等这一点得以坚持，“三纲”遂失去其法理依据。中华民国政府还颁布了其他一系列法令仿照欧美社会建立新的体制与礼俗，儒家不再作为官方唯一扶持的学派，其地位变得与其他诸子学派平等，这些制度性安排使儒家伦理失去了外在制度形态这一依托。随后又有新文化运动对传统伦理的抨击和20世纪30年代“全盘西化论”对中国传统文化的攻击，使旧伦理一方面失去了其赖以立足的社会形态基础，另一方面在文化意识宣传方面也被迫处于守势，不再能以“天理当然”的自信公开指导公私领域的伦理行为。此外，梁启超等人所倡导的“道德革命”从呼吁落实为行动。经由社会制度和观念的一系列冲击改造，无声的变迁在道德领域渐渐得以展开。

20世纪中期，中国社会经历的一系列重大内外战争与社会制度改造，促使社会组织结构发生了不同于传统农耕时代的深刻变化。在受大革命和抗日战争等波及的原儒家伦理具有较大影响力的文化核心区域，社会成员以符合现代社会分工需求的模式被组织起来。在工商业较发达的沿海沿江城市中，与现代工商业经济形态相适应的生活模式首先建立起来，中国人的伦理遂开始发生一种具有现代性意义的转化，这种“现代性”与西方的现代世俗伦理有相近的基础。除政府倡导的新道德成为政治教化的内容外，具有较开阔视野的文化精英阶层在和外部世界的接触中，也引入了一些新的伦理原则并结合本土情况加以改造，不再坚持旧有的“中西”“体用”“本末”的疆界。对类似20世纪90年代以来“全球伦理”主张者所提倡的“最低限度的共同的价值、规范和标准”①，

① 孔汉思．全球伦理：世界宗教议会宣言．成都：四川人民出版社，1997.

例如，《圣经·马太福音》中的“你们愿意人怎样待你们，你们也要怎样待人”(类似于《论语·卫灵公》中的名言“己所不欲，勿施于人”)，也有不少学者表示认同和接受，中国人的伦理开始成为与世界伦理相联通的一部分，并在这种联通中相互交流影响。

随着40多年来的经济飞速发展、社会转型，伦理关系变迁、道德观念转化、价值评判出现分歧，社会各阶层对于道德问题的关注日趋强烈，不少国人寄望于用传统的伦理道德来解决市场经济逐利过甚带来的种种弊端；一些西方学者也出于对启蒙现代性的批判，而转向东方寻求可供参照的精神资源，并从比较哲学或现代认知科学的角度对中国传统伦理的内涵和意义提出了新解释，这种来自域外异质文化的认同又转而增加了前述“传统道德复兴论”者的信心。其实从历史的角度来看：一方面，中国传统伦理自身的内涵在历史中不断变迁，它们不过是先秦以来中国哲人持续进行精神创造的产物，并不存在历经周公、孔子、孟子、荀子、董仲舒时代一直不变的伦理教条，供今人去“复兴”，而仅仅复兴古代的伦理教义，也不可能使今日之道德失范与诸多困境得以解决；另一方面，自从近代中国受到西方文明的实质性压力和挑战而产生“中西古今”之辩以来，与“传统道德复兴论”实质类似的主张已多次变换名称出现，今天人们争论的很多问题，仍然是走在晚清和中华民国时期相关论辩的延长线上。不过对于要复兴的“传统道德”所指的是什么，100多年来几代人的理解不仅存在巨大的差异，而且特定伦理主题所引发的争辩往往趋于极端。

本书试图通过不同道德论域的讨论来明晰中国人的伦理应在于返古而开新：中国人的伦理来自历史与文化的滋养，更存在于中国人应时代的发展而不断开创的道德智慧。即使有现实社会需求的推动和异域学者的赞同肯定，现代中国的道德问题也远远不是单纯的“复兴”传统伦理规范和经验就能解决的。当前社会中出现的伦理困境与道德失范问题，恰好给了传统伦理智慧又一次创新改造和检验自身的机会。从明末耶稣会派遣来华的传教士利玛窦（Matteo Ricci，1552—1610）到晚清民国大儒辜鸿铭（1857—1928)、梁漱溟（1893—1988）等，在进行了初步的中西文化哲学特质的比较后，他们都认为中国人与欧洲人比较“更擅长伦理”，如果这种“更擅长”的评价针对的是中国人处理伦理问题时的创造性智慧，是他们在分析解决伦理问题时拥有成熟的方法体系和丰富的经验模式，是思维方式而非言辞陈迹，则我们仍可期望这种道德文明智慧积淀于当前问题而实现“创造性转化”和“创新性发展”，为中国自身和世界的和谐做出新的有益的道德贡献。

第1章

修身为本——中国人的自我修养

1

修身为本
——中国人的自我修养

据著名学者季羡林先生回忆，他在德国留学的十年间，对德国人和中国人为人处世风格的差异感受最深的一点，就是德国人即使对日常生活中很细微的问题，也力图追求某种“彻底性”的解决方案，即一定要弄清楚所要讨论的问题或所要应对的困难局面，其来源根基何在。如果仿照季先生的思路去分析中国人的伦理观念和行为，首先就要问：形成当前中国人伦理观念的理论根源或实践基础是什么？搞清楚这个“基础”后，才能以之为讨论基点分析其结构形成过程和机体生长脉络，进而对于某种“存在”如何在时间与空间中“展开”与实现，提出较为可靠的理性认知框架。

如果我们也用这种思路分析中国人的伦理，并且把目光集中在传统伦理上，这个基础或“本源”应该在哪里呢？其实古人早有解答，相传为春秋时代孔门弟子曾子所作的《大学》开篇就明说，“自天子以至于庶人，壹是皆以修身为本”，而根据宋儒朱熹的解释，提出“修身为本”的《大学》第一章，应该是“孔子之言，而曾子述之”。不仅在《论语》里，而且在孔子后人和孔门弟子陆续记录孔子言行的《孔子家语》和《礼记》等著作中，也都保存了孔子有关修身的大量议论。“修身”作为中国传统儒家伦理的基础，在汉代之后一直是官方道德教育的主题，甚至到清末民初，“修身伦理”“修身教科书”等名词的流行，以及新式中小学课堂“修身”课程的普遍开设，都足以可见“修身”这一儒学概念在中国德性教育和社会伦理体系中的核心地位，为仁有道，在修其身，这实为中国传统伦理的出发点和基础。

一、儒家修身论的起源和内涵

中国人的伦理首先是由儒家道德思想确立的，并在 2 000 多年的历史中不断强化、扩展和改造进而得以确立。《论语》中记载孔子谆谆告诫其弟子要“不使不仁者加乎其身”（《论语·里仁》），他提出了一种注重道德自觉的修养方法，认为只要能够意识到某些想法或行为是“不仁”并表示厌恶摒弃，就已经接近仁的内涵。孔子为仁设立的界限就是不能让不仁的言语行为“加乎其身”，“身”是孔子建立自己新式伦理理论的基石，把“五经”中十分重视的“修德”加以具体化、生活化，因为“修德”还是比较笼统，德有可能是上天之德、君主之德，拥有很多公共性成分，并不一定是对个体身心的直接规范要求，而“修身”明确将“身”这一个体性概念作为伦理道德训练的基础，只要在自己身心系统内部“一日用其力于仁”（《论语·里仁》），就可以达到很不错的境界。在一天之内尽力修行仁德，本来并不需要付出特别的艰苦努力。按照孔子的理智估计，正常人应该有足够的能力和资源去坚持一天修行仁德，这种人理论上是存在的，但他却悲观地表示在现实中他还未见到过：“民之于仁也，甚于水火。水火，吾见蹈而死者矣，未见蹈仁而死者也。”（《论语·卫灵公》）这也是“礼崩乐坏”、上下失序后人心惶惶，各个阶层的民众被政治动荡和生存恐惧所裹挟，很少有人敢去坚持这种短期内似乎看不到实际利益收效的仁德行为。然而恰是在这样的乱世，孔子和孔门弟子仍然知其不可为而为之，通过自己的亲身实践，为人们树立起以“先修其身”为导向的新伦理秩序。300 多年后的史学家司马迁在《史记·孔子世家》中记载孔子事迹后赞叹：

> 天下君王至于贤人众矣，当时则荣，没则已焉。孔子布衣，传十余世，学者宗之。自天子王侯，中国言六艺者折中于夫子，可谓至圣矣！

孔子和孔门弟子巨大的影响力，也是修身论在当时充满生命活力的直接表现。著名孔门弟子曾参有过“齐迎以相，楚迎以令尹，晋迎以上卿”（《韩诗外传·卷一》）的政治待遇；子夏被魏文侯尊为国师，其徒李悝、吴起成为战国初期主导诸侯变法的名臣；子贡则富于资产且辩才好擅长外交，曾被鲁国、卫国任命为丞相；其余孔门弟子如冉有、宰予等从政也都取得了不俗的成绩，在战国 200 多年的乱世中，孔门弟子后学取得的现实政治成就可能仅次于法家，以“修身”为基础的伦理原则在第一批实践者那里取得了成功。

孔子关于修身最著名的言论还是“先正其身”的论述，子曰：“其身正，不令而行；其身不正，虽令不从。”（《论语·子路》）这句经典论述在当代儒学研究者中备受推崇，再加上《论语》等典籍中并未通过反复思辨对“仁”等核心概念加以确定定义，而是将尧、舜、周公、微子、管仲、颜回等圣贤人物作为道德自我的范例，在日常道德实践中，后世学者正是依循参照这些耳闻目睹的道德榜样的行为，学会如何进行道德评价并逐渐建立起道德自我，以至有学者称儒家伦理可被总结为“示范伦理学”[①]。“先正其身”本质上就是建立起一个可供学习模仿的道德自我，与此相关的还有：“苟正其身矣，于从政乎何有？不能正其身，如正人何！”（《论语·子路》）因为孔子曾有过“政者，正也”（《论语·颜渊》）的定义式名言，此处的“修身正义”还牵涉到对出仕为官和隐居自保的价值判断与儒家伦理的基本进路问题，究竟是积极参与邦国政治事务、充分发挥君子才能造福民众符合修身要求，还是远离一切政治旋涡纠纷、洁身自好更能保持道德纯粹完整？

孔子和孔门弟子与此相关的讨论，主要保存在记载古代隐士事迹的《论语·微子》中，在著名的“荷蓧丈人”故事中，子路对隐士丈人的评价是：“不仕无义。长幼之节，不可废也；君臣之义，如之何其废之？欲洁其身而乱大伦。”虽然《论语》该节并未记载孔子对子路此番言论的反应，但是从弟子记录的他对古代逸民的评价，可以看出他对隐士的自我修身有不同角度的观察和考量：

> 逸民：伯夷、叔齐、虞仲、夷逸、朱张、柳下惠、少连。子曰：“不降其志，不辱其身，伯夷、叔齐与！”谓：“柳下惠、少连，降志辱身矣。言中伦，行中虑，其斯而已矣。”谓：“虞仲、夷逸，隐居放言。身中清，废中权。我则异于是，无可无不可。”（《论语·微子》）

在这里，孔子并没有一概而论对古代隐士的隐修行为做出评价，而是根据他们对自身志向的保持程度分别做出评论。他列举了不同的隐士

---

① 王庆节. 系谱学的自我观念与儒家的示范伦理学. 江苏社会科学，2004（5）.

类型，例如，伯夷、叔齐那样认为臣子不应该反对君上，完全不与新兴政权合作的“固执型隐士”；柳下惠和少连那样随世道变化可以降志辱身的“应世型半隐”；虞仲、夷逸那样隐居而大胆直言的“狂狷型隐士”。孔子称自己与他们都不同。100 多年后孟子把孔子称为“圣之时”，提出“规矩，方员之至也；圣人，人伦之至也”（《孟子·离娄上》）的说法，他认为孔子对出仕和隐居二者关系的处理原则是“可以仕则仕，可以止则止，可以久则久，可以速则速”（《孟子·公孙丑上》），即不但在原则上是应时变化，在具体策略上也是根据形势随时调整。这也符合孔子在《中庸》里教导弟子处理一般道德问题时的权衡原则，即“君子之中庸也，君子而时中”（《礼记·中庸》）。值得注意的是，《论语·微子》里也出现了“言中伦，行中虑”的提法，朱熹在《论语集注》中将“伦”解释为“义理之次第也”（《论语集注·微子第十八》），这已经与后世“伦理”的内涵有几分相似。

修身以自身为归宿，“修”的方式则多种多样，其中重要的修养途径之一是坚持对自身道德活动进行日常化的反思。修身而成的杰出代表是孔门弟子中以谨慎小心、严以律己著称的曾参：

> 曾子曰：“吾日三省吾身：为人谋而不忠乎？与朋友交而不信乎？传不习乎？”（《论语·学而》）

这是“曾子”的敬称在今本《论语》中第一次出现，一方面，说明《论语》的编纂者队伍中，曾参的弟子及再传弟子确实居于主导，这一点也得到后世学者的公认；另一方面，“三省吾身”被排列在如此靠前的位置，而且在《论语》文本趋于定型的近 400 年间一直没有更改，可见事事谨慎、日日自省的修身方法之重要性得到孔门弟子及再传弟子的普遍认同。传说曾子是《大学》的作者，宋儒程颐（1033—1107）和朱熹认为《大学》首章的“八条目”修身论是“孔子之言，而曾子述之”①，后面的传文部分对正心与修身、修身和齐家之间的内外承接关系

---

① 朱熹. 四书章句集注. 北京：中华书局，2011：5.

展开具体论述，则是“曾子之意而门人记之也”。朱熹在曾参“三省吾身”句下做集注说：“曾子以此三者日省其身，有则改之，无则加勉，其自治诚切如此，可谓得为学之本矣。”[①] 在 1 500 多年后，朱熹仍同意将对自身言行的诚切反省作为修学根本，可见“自身”仍是宋明理学关注的重点。

关于自省作为“为学之本”，朱熹的观察可谓深刻。其实同是在《论语·学而》里，另一位曾在《论语》编纂初期起过主导作用的弟子有若，也同样提到了“为仁之本”：

> 有子曰：“其为人也孝弟，而好犯上者，鲜矣！不好犯上，而好作乱者，未之有也。君子务本，本立而道生。孝弟也者，其为仁之本与！”（《论语·学而》）

孝悌（古作“孝弟”）是实现“仁”这一道德修养目标的根本，而诚切践行、日省其身则是求学修德的根本，结合起来就是一个既涵盖了社会关系中“人”“朋友”“父母兄弟”的外向目标，又包括了对自我修养状况回顾检查（《论语·学而》中所提“传不习乎”）的完整修学体系。

如果说《论语》中有关修身的语句还因为出自弟子多人所记，孔子又因时因地做出灵活应对，未必具有普遍意义的话，《礼记·大学》则是一篇结构井然、逻辑完整的修身纲要。全文仅 1 700 余字，按照朱熹的分法是“经”一章、“传”十章。由于首章“经”被认为是“孔子之言，而曾子述之”，并且是今本《礼记》全书中直接提到“修身”次数第二多的地方（《礼记》中直接提及“修身”次数最多处是在《礼记·中庸》的“哀公问政”章，共八次），与本章论述主题直接相关，故不避冗长予以引用：

> 古之欲明明德于天下者，先治其国；欲治其国者，先齐其家；欲齐其家者，先修其身；欲修其身者，先正其心；欲正其心者，先

① 朱熹．四书章句集注．北京：中华书局，2011：50.

诚其意；欲诚其意者，先致其知，致知在格物。物格而后知至，知至而后意诚，意诚而后心正，心正而后身修，身修而后家齐，家齐而后国治，国治而后天下平。自天子以至于庶人，壹是皆以修身为本。其本乱而末治者否矣，其所厚者薄，而其所薄者厚，未之有也！（《礼记·大学》）

修身处在连通身体内外、将个人修学成果转化为外在合理秩序的关键枢纽位置，因为正心诚意、格物致知都是个体身心物理界限之内的事情，用亚里士多德在《政治学》等著作中的划分标准，大体属于“内在宇宙”即心灵秩序问题，在安静沉思中实现心正意诚、物格知致，一般不会直接干涉到其他人的行为。而齐家治国平天下都与数量或少或多的其他人类个体相关，不可避免地要涉及人伦关系或“群己权界”，即主体与他者的权利范围划分问题。“修身”这个中枢承担着将心灵秩序反思整合所得“外推”为伦理实践的重任，稍有不慎就会带来负面影响，如果是居于控制社会政治秩序关键位置的君主修身不谨甚至纵欲暴虐，更会给整个社会带来灾难性后果。中国古代的政论家和道德学者也往往倾向于把家国衰亡、社会动荡的原因追溯到管理者的修身失败（如夏桀、商纣、秦二世、隋炀帝等）。由此而言，修身不仅关乎个人，也是承担群体义务、实践人之社会性、实现伦理性的要求。

二、《大学》的崛起和程朱论修身

据学者考证，《大学》在学者中间受到特殊重视，是唐代中期到宋代以来儒者有意努力推动的结果①。因为宋代以前，该篇只是作为《礼

① 章权才. 韩愈道论在经学史上的地位. 广东社会科学，1996（1）；周淑萍. 宋代孟子升格运动与宋代儒学转型. 史学月刊，2007（8）；高会霞. 从论“礼”到论“性”：唐代学者对《大学》《中庸》的意义转换. 中州学刊，2015（4）.

记》四十九篇中“通论类”的一篇普通文章，并没有比《礼运》《祭义》等其他同类理论综述文章更特别。不过宋儒推崇《大学》，也是有感于魏晋隋唐以来，儒家在人身心性探究方面的理论体系深受佛教冲击，以疆域广阔、文化开放多元著称的唐朝，对儒家思想来说，虽然有韩愈等为维护儒家道统而呼吁，但整体而言是一个“平庸的盛世”。自北宋起，出于和辽国、西夏对峙中彰显自身文化特性的需要，周敦颐、张载、程颢、程颐等儒者胸怀复兴“道统”的使命感，殚精竭虑，从传统儒家经典中发掘能与佛教心性说相对抗的理论资源，《大学》由于是孔子专门谈论身心秩序问题的思想性文章，篇幅不大且章节结构层次清楚，介于佛教《心经》和《金刚经》之间，易于初学者熟读成诵，就成了新思想体系理学入门的首选作品。该篇中对人身心伦理关系的细微剖别，也确实值得我们用现代视角加以认识分析：

> 所谓修身在正其心者：身有所忿懥，则不得其正；有所恐惧，则不得其正；有所好乐，则不得其正；有所忧患，则不得其正。心不在焉，视而不见，听而不闻，食而不知其味。此谓修身在正其心。(《礼记·大学》)

朱熹在此处的集注文字中引用宋儒程颐的观点：“身有之身当作心。”并且朱熹自己也沿着程颐的思路做了进一步解释发挥：“盖是四者，皆心之用，而人所不能无者。然一有之而不能察，则欲动情胜，而其用之所行，或不能不失其正矣。”① 忿懥、恐惧、好乐、忧患这样的情绪波动呈现是人所不能不具有的，此处理解大致不错。但是在《论语》中，儒家还没有赋予“心”这个概念过多的哲学内涵，在《论语》中“心”字总共只出现了 6 次，远不及在后来的《孟子》以及孔门儒者编纂的《礼记》中出现的次数。

程颐之所以觉得改“身”为“心”更容易理解，是基于他自己时代的哲学话语语境自觉。实际上在孔子的时代，修身过程必然要求心念专

① 朱熹. 四书章句集注. 北京：中华书局，2011：9.

注地参与（这在《大学》《中庸》等篇章中表现为对“诚”“敬”的强调）。儒家教人“礼、乐、射、御、书、数”六艺，其中前五项即“礼仪、乐器、射箭、御车、书翰”等技能，都与身体密切相关，“身”和“心”在这些技能的训练过程中是合为一体的，人们容易承认这些技艺不是单靠抽象思维就能完成。最后一项“数”，尽管在今人的概念中主要体现为一种身体处于静态的抽象思维运算，但在孔子那个时代更多地与田地、仓库、牲畜管理和城墙建造、物资运输等公共工程量的计算等具体事务紧密联结在一起。“数”艺的训练养成，很多时候也要求身体现场参与（汉字中的“数”在《说文解字》中的本义就是“计数”，至今仍有动词意义），才能实现技能合于实用的目的，因此“数”也是和修身密切相关的。故《论语》等先秦儒家典籍在说到修身时，“身”往往是包含着心灵直觉意识的综合体，修身也不仅仅是个人通过好的私德修养得到某些实利或虚荣，而是要对自己生存的精神秩序合理性进行全面的观察和反思，然后才能通过“三省吾身”式的综合习惯训练，做到从内心动机形成到外在行为显现，在这一过程中，由身心一贯导向道德行为的“自然教化”。

身体知觉系统既然是忿懥、恐惧、好乐、忧患等情绪的直接承载者，那么通过“修身”来观察和纠正这些情绪性行为就是自然而合理的了。先秦儒家十分强调道德原理的实践性，孔子多次强调要“先正其身”，对那些也许是出自正确心念，却只挂在嘴边不去实践的“巧言令色”之徒，他是十分厌恶的。可以说，先秦儒家正是把伦理行为的边界设置在个体对自身言行一致的坚守上。孔子之孙子思在撰述《中庸》时，引用孔子的话，将这一伦理原则概括为“言顾行，行顾言，君子胡不慥慥尔”（《礼记・中庸》）。“慥慥”是忠厚诚实的样子，修身宁可低调老实，看上去有些笨拙，也不能言过其实、哗众取宠。战国中期的孟子也坚持“声闻过情，君子耻之”（《孟子・离娄下》），对那种美好计划与宏大想法很多，能提出超出当时条件的设计，却不顾各阶层民众生存承受能力的学者之“宏论”，儒家是持谨慎保留态度的。

三、《墨子》与《荀子》中的修身论

除了儒家外，起源于春秋末期战国初年的墨家也专门提到过“修身”这一论题，如果不承认《大学》为曾子本人所作的传统说法，则墨家著作《墨子》中关于“远施用偏，近以修身”（《墨子·非儒下》）的说法就是“修身”一词的最早出处。《墨子》另有《修身》《所染》两篇讨论道德修养问题，曾有部分学者怀疑其非墨子或墨家作品，实际上根据《淮南子》等典籍记载，墨子早年也曾“学儒者之业，受孔子之术”（《淮南子·要略》），他继承孔子和曾子的学说主旨，并发展出“修身”相关理论，并非特别意外之事：

> 是故先王之治天下也，必察迩来远。君子察迩修身也，修身见毁而反之身者也。此以怨省而行修矣。谮慝之言，无入之耳；批扞之声，无出之口；杀伤人之孩，无存之心。虽有诋讦之民，无所依矣。故君子力事日强，愿欲日逾，设壮日盛。
>
> 君子之道也，贫则见廉，富则见义，生则见爱，死则见哀，四行者不可虚假，反之身者也。藏于心者，无以竭爱；动于身者，无以竭恭；出于口者，无以竭驯。畅之四支，接之肌肤，华发隳颠，而犹弗舍者，其唯圣人乎！（《墨子·修身》）

上述《墨子》引文第一段文字的大意是：古代的君王治理天下，必定是以明察左右来使四方臣服。君子明察左右来提高自己的修养，提高修养后还遭到别人的诋毁，会再反省自己。这样就能少些怨言，且自己的品性也会得到提高。对于诬陷和恶毒的话，不要听；诽谤攻击别人的话，不要说；伤害别人的刻薄想法，不要存于心。如此，专门搬弄是非的人，就没有什么办法了。因此，君子努力做事就日渐强大，安于嗜欲就日渐苟且，恭敬庄重就日益兴盛。

这段论述讲的是君子通过明察左右来自我反思、修养品德，和后世的正宗儒家“修齐治平”理论相比较，墨家所继承的修身理论主要表现其“示范”功能，而对于“君君、父父、臣臣、子子”具体的角色规范，发展得远不如儒家详细，而且《墨子》的其他部分也没有就这些细节规范做出进一步解释使其明确化，这也是墨家修身论在后世影响不大的原因之一。

上述《墨子》引文的第二段里，墨家对修身“君子之道”也提出了基本要求：贫穷时表现廉洁，富足时表现恩义，对生者表示慈爱，对死者表示哀怜同情，这四种品行不是伪装出来的，必须通过自身实修才能具备。内心充满无穷的慈爱，身体仪礼表现无比谦恭，言说文辞无比雅驯。让廉洁、恩义、慈爱等品行畅达于四肢和肌肤，直到白发秃顶之时仍不肯舍弃，这是圣人的修为。

相对于《论语》等典籍中孔子及其弟子对君子修身的多角度阐发，墨家的理论确实朴素简约，仅根据不同的外部情境做出笼统要求，对修养者自身心理活动的区分很模糊，提出了四大原则和修到“圣人”层次的外在言行特征，至于普通人如何从日常生活中去落实廉洁、恩义、慈爱、同情这些品格，则没有做出具体指导。

但是墨家道德修养理论有一项鲜明特征值得重视，就是重视后天环境对人的熏染。《墨子·所染》在列举了古代行仁义之名王舜、禹、汤、武的“所染”事迹，与虐民身辱的昏君夏桀、商纣、周厉王、周幽王及春秋诸侯的事迹之后，以墨子的口气总结道：

> 非独国有染也，士亦有染。其友皆好仁义，淳谨畏令，则家日益、身日安、名日荣，处官得其理矣。则段干木、禽子、傅说之徒是也。其友皆好矜奋，创作比周，则家日损、身日危、名日辱，处官失其理矣。则子西、易牙、竖刁之徒是也。(《墨子·所染》)

这段关于朋友品质会影响“士”的品德和前途的议论，在墨子及其后的时代大概是一种“时代共识”，晚于墨子 100 多年的荀子，也明确引用古书的内容说过：“传曰：‘不知其子视其友；不知其君视其左右。’”(《荀子·性恶》)，可说正是对《墨子·所染》里“非独国有染也，士亦有染”一段的主旨概括。墨家重视后天环境对人品德形成的重要作用，用今天的语言来说是重视后天教育环境胜过重视先天禀赋，这与墨家思想的平民化倾向是一致的。教育环境的“染”和整个社会伦理风气对身处其中的个体成员的“传染”，在19世纪末20世纪初著名社会学家涂尔干的伦理道德体系里，也得到了充分强调[①]。尽管二者的时代条件和理论背景不同，但是如何在一个旧制度崩溃、信仰分裂的社会里重新建立秩序，是关心伦理问题的思想家共同关注的。20世纪中国著名政治学家萧公权先生曾经按照先秦各家学派“问题意识承继”的分析思路，将影响较大的几个学派的产生顺序排列为“儒—墨—道—法”，指出墨家针对早期儒家发展过程中出现的问题（比如儒家重视礼仪祭祀带来的奢侈祭祀与厚葬浪费现象）提出了自己的批评：“累寿不能尽其学，当年不能行其礼，积财不能赡其乐，繁饰邪术以营世君，盛为声乐以淫遇民”《墨子·非儒下》。

学习周期较长，习礼乐需要一定物质财富支撑，言说建议主要面向君主和贵族等，确实是儒家早期“修身”论面对的重大挑战。墨家针对儒者的“亲亲为大”（《礼记·中庸》）和“爱有差等”提出“兼相爱，交相利”（《墨子·兼爱中》）；针对儒家多次强调的“重义轻利”（《荀子·成相》）转而倡导义利并重；针对儒家“知其不可而为之”（《论语·宪问》）的理想主义姿态，墨家提出“合其志功而观焉”（《墨子·鲁问》）的动机和效果相结合的伦理评价观；相对于儒家对德性根基和生活层次较高的要求[②]，墨家的修身路径比较符合中下阶层民众的实际需求。但是选择了墨家式“修身”的徒众，要在身体技能和意志锤炼等方面付出更多劳动，在维持基础生活方面“赖其力者生，不赖其力者不

① 渠敬东. 职业伦理与公民道德：涂尔干对国家与社会之关系的新构建. 社会学研究，2014，29（4）.

② 有关孔子修身理论的“贵族性”特征，20世纪六七十年代中国大陆学术界曾有过集中讨论，虽然出于历史环境原因总体存在过激偏颇倾向，但当时举出的一些实例，如孔子日常生活“食不厌精，脍不厌细”（《论语·乡党》）、对请教具体生产问题的樊迟等学生表示不屑、对主张缩短三年丧期的宰予多次斥责等事实，起码说明孔子对君子教育抱有一种基于现实的重视，也不愿改变自己倡导的修养原则来迁就下层学者。

生”（《墨子·非乐上》），平时要研究筑城、物资运输和战争攻防等军事技术，还要为了止息诸侯国之间的战争而千里奔走、披挂上阵。与这种艰苦紧张的体格锻炼相协调的，是墨家通过对“天”“鬼”等超自然存在的信仰，把信徒们的精神团结在一起。对具有几分人格神意味的普遍的“天”的信仰，也让墨家比儒家更早、更大量地使用“天下”这一普遍秩序概念①。这种基于普遍秩序信仰、注重实用技术、承认世俗功利生活独立意义、带有平民色彩的修身理论与实践，不但在先秦诸子中独树一帜，即使和同时代的古希腊思想比较起来，也是一种超出古代世界现实生活，而具有几分中世纪气息甚至现代世俗社会意味的独特思想遗产②。

《荀子·修身》是先秦儒家有关修身理论的另外一篇重要文献，篇章安排上也居于全书第二，仅次于开端名篇《劝学》，其中阐述的修身“动力因”和师友关系论，代表了儒家思想适应战国末期形势的新发展：

> 见善，修然必以自存也；见不善，愀然必以自省也。善在身，介然必以自好也；不善在身，菑然必以自恶也。故非我而当者，吾师也；是我而当者，吾友也；谄谀我者，吾贼也。故君子隆师而亲友，以致恶其贼。好善无厌，受谏而能诫，虽欲无进，得乎哉！（《荀子·修身》）

这是对修身的总体概括。外界的善和不善现象被“我”所见，成为我仿效修持和警惕自省的动力。对待自身已有的习惯，同样要以善和不善来判断是应该“自好”还是“自恶”，用以判断某人是否是师友的标准是“当”（正当）与否，而不是他对我的态度。

> 以善先人者谓之教，以善和人者谓之顺；以不善先人者谓之

① “天下”通常被认为是儒家创造和使用最多的概念，但日本现代历史学家安部健夫通过对先秦诸子文本的细致比对研究，认为其实是墨家首先大量使用“天下”概念（《墨子》文本中出现“天下”400 多次，远超过先秦可靠的儒家文本使用该词语的次数），中文翻译版参见：安部健夫．中国人的天下观念：政治思想史试论//周伟洲．西北民族论丛：第 15 辑．北京：社会科学文献出版社，2017：168-216；日文原文载于：安部健夫．元代史的研究．东京：创文社，1972：425-525.

② 罗国杰．中国伦理思想史：上卷．北京：中国人民大学出版社，2008：137-138.

谄，以不善和人者谓之谀。是是、非非谓之知，非是、是非谓之愚。伤良曰谗，害良曰贼。是谓是，非谓非曰直。窃货曰盗，匿行曰诈，易言曰诞，趣舍无定谓之无常，保利弃义谓之至贼。多闻曰博，少闻曰浅；多见曰闲，少见曰陋。难进曰偍，易忘曰漏。少而理曰治，多而乱曰秏。(《荀子·修身》)

这段文字，对战国末期人心民情、语言行为分门别类地做出“简明定义”，有效克服了前文所说的墨家论述修身时笼统简朴、缺乏可执行步骤的弊病。此处提出的十多个涉及言语行为价值判断的概念，加上《荀子·解蔽》中“欲为蔽，恶为蔽，始为蔽，终为蔽，远为蔽，近为蔽，博为蔽，浅为蔽，古为蔽，今为蔽”的自觉认识分析，展示出经过荀子等大师改造的儒家，在伦理原则的细节阐发和生活应用方面已大为提升，这些理论发展中最重要的一个特征是对“礼法”的强调：

礼者，所以正身也；师者，所以正礼也。无礼，何以正身？无师，吾安知礼之为是也？礼然而然，则是情安礼也；师云而云，则是知若师也。情安礼，知若师，则是圣人也。故非礼，是无法也；非师，是无师也。不是师法而好自用，譬之是犹以盲辨色，以聋辨声也，舍乱妄无为也。故学也者，礼法也。夫师，以身为正仪而贵自安者也。《诗》云：“不识不知，顺帝之则。”此之谓也。(《荀子·修身》)

以什么样的标准或规则为参照来“正身”，是儒家早期发展中的一个重要理论问题。孔子时代主要依赖于“志于道”的士君子之自觉，修身目标的实现，有赖于颜回那样安于贫困且“终日不违仁”的精神强大者；相对于儒家早期主要着眼于士君子依照礼乐制度修身“归仁”，荀子的修身论说对象则上至国君、下及百官庶民：

请问为国？曰闻修身，未尝闻为国也。君者仪也，民者景也，仪正而景正。

故由天子至于庶人也，莫不骋其能，得其志，安乐其事，是所同也；衣暖而食充，居安而游乐，事时制明而用足，是又所同也。若夫重色而成文章，重味而成珍备，是所衍也。圣王财衍，以明辨异，上以饰贤良而明贵贱，下以饰长幼而明亲疏。上在王公之朝，下在百姓之家，天下晓然皆知其所非以为异也，将以明分达治而保万世也。

人习其事而固，人之百事，如耳目鼻口之不可以相借官也。故职分而民不慢，次定而序不乱，兼听齐明而百姓不留：如是，则臣下百吏至于庶人，莫不修己而后敢安止，诚能而后敢受职；百姓易俗，小人变心，奸怪之属莫不反悫：夫是之谓政教之极。(《荀子·君道》)

荀子在《君道》中所做出的政教规划，将统治者和“臣下百吏至于庶人”统统纳入修身的体系，与孔孟时代不同的是，修身的准则不再是个别君子的道德意识自觉成熟，而是形成外在统一的礼法规范，而且修身的目标不局限于道德，是要使才能禀赋和职业技艺都能得到发展，从天下到庶民的各阶层成员皆可以“骋其能，得其志，安乐其事”，作为共同体成员的臣下百吏和百姓“莫不修己而后敢安止，诚能而后敢受职”，在这个层面上也可以说荀子的伦理规划里，已然出现了近代欧洲意义上介于家庭和国家之间的“社会”，相关伦理问题将在本书第 3 章讨论。

四、身心关系与修身的中西比较解读

今天有不少读者容易把“反身而诚”的行为反思调整活动，理解为宋明之后的“去人欲”，更甚者认为这和佛教的“修戒定心”“不起妄念”一致，主要表现为一种精神活动，实际上先秦儒家十分强调身体的直接参与。比如《礼记·射义》中所记录的孔子宣讲射礼内涵的故事，便是把修身与身体技能的锻炼结合起来，向人们展现修身首先和身体的训练修习相关，而不是像后世部分儒者那样，把大部分精力用在静坐内省上，从而片面地认为修身只是身体静态不动的冥想。

根据现代中国学者的研究："身"在中国思想中有狭义和广义之分：狭义即形躯结构，广义即统摄形、气、心而为形神相合、身心一体的生命整体。儒家强调身心一体、心为主宰前提下的修身之道，强调个人以修身为本，修身是内外兼养，重在修心，其最高境界是与道合一，其最高目标是成圣成贤①。儒家之"身"不简单是形躯之身，更多时候实为生命、人格的另一种表述②。生命作为一个整体，身与心、形与神、内与外、大与小、现象与本质、部分与整体始终是不可割裂地融合为一个有机体而存在、成长，这一点在儒家、墨家、法家各学派思想里是共通的。

先秦儒家倡导在身心内外掌握一种度的平衡，即"时中"或"中庸"，这与古希腊哲学家亚里士多德对"适度"的强调确实有相似之处："不及与过度同样都会毁灭德性……节制与勇敢都是为过度与不及所破坏，而为适度所保存。"③ 亚里士多德也重视身体情感反应在德性养成中的作用，他引用柏拉图在《法律篇》中的观点，认为"重要的是从小培养起对该快乐的事物的快乐感情和对该痛苦的事物的痛苦感情"，由此推导出的结论是：身体行为活动过程中稳定体现的德性，才是真正的德性。孔子也曾要求弟子："君子欲讷于言，而敏于行。"（《论语·里仁》）也就是说修身过程中要注意言语谨慎，他对只把道德修养挂在嘴边却不去实践的"巧言令色"之徒十分厌恶。实际上这种道德自觉并非古代中国所特有，在比孔子时代晚 100 多年的古希腊，亚里士多德也同样强调德性要通过身体力行的实践来完成：

> 如果不去这样做，一个人就永远无望成为一个好人。但是多数人不是去这样做，而是满足于空谈。他们认为他们自己是爱智慧

---

① 韩星. 论儒家的身体观及其修身之道. 哲学研究，2013（3）.

② 周与沉. 身体：思想与修行. 北京：中国社会科学出版社，2005. 并可参考伦理学者李清良为此书撰写的书评：李清良. 中国身体观与中国问题：兼评周与沉《身体：思想与修行》. 哲学动态，2006（5）.

③ 亚里士多德. 尼各马可伦理学. 北京：商务印书馆，2003：40.

> 者，认为空谈就可以成为好人。这就像专心听医生教导却不照着去做的病人的情形。正如病人这样做不会使身体好起来一样，那些自称爱智慧的人满足于空谈也不会使其灵魂变好。①

亚里士多德所批评的那些“满足于空谈”的年代，是自苏格拉底和柏拉图在世时起就开始盛行的“智术师”传授贩卖知识技术之时，城邦里不少贵族青年受智术师诱导而爱慕虚荣、渴求快速成功，由此形成一种轻浮躁动的城邦文化环境。这种环境熏染出来的所谓“人才”，往往有能力说出华丽的言辞并抓住普通民众的心理需求，从而鼓动他们支持自己以便从中取利。至于自己的身心系统是否真正得到了“修”，是否能做到“先正其身”而“后正人”，他们基本不会去反思。关于这种“未正己身”却“先求正人”的伪修身论者的恶劣影响，中国历代学者均有不同程度的正面批判，明代思想家李贽曾有过辛辣讽刺：

> 彼以为周、程、张、朱者皆口谈道德而心存高官，志在巨富；既已得高官巨富矣，仍讲道德、说仁义自若也；又从而哓哓然语人曰：“我欲厉俗而风世。”彼谓败俗伤世者，莫甚于讲周、程、张、朱者也，是以益不信。不信故不讲。然则不讲亦未为过矣。②

李贽所批评的晚明官场风气，正是一部分士人官僚热衷于熟记程朱义理而忘记了修身明耻的虚浮时代，“口谈道德而心存高官，志在巨富”是当时很多官僚真实的行为写照。此前大儒王阳明曾针对这种风气，在《答顾东桥书》等文章中痛切针砭，并提出“知行合一”与“致良知”等对治方法。实际上，知行是否应该以及是否可能合一，“良知良能”概念，以及知行孰先孰后关系等命题，在孟子的时代即已经提出，其本质仍然是修身过程中的身、心、行相互作用和自省。修身包含着对心灵习性的观察和培养，也对道德行为养成提出了“先自我始”的规范要求，这套伦理自我觉察与反省的知识行动体系，绵延2 000余年，至今仍对中国人的社会生活和日常行为有着深刻影响。

---

① 亚里士多德. 尼各马可伦理学. 北京：商务印书馆，2003：44.

② 李贽. 焚书·续焚书. 北京：中华书局，2009：48-49.

从某种角度上看来，“己所不欲，勿施于人”（《论语·颜渊》）这条被西方伦理学界认可与接受的“金律”，也是对这种“先正己”而“后正人”修身伦理的具体阐释，因为某个体的“所欲”与“所不欲”，承受对象首先是他自身，如果某言某行伤害自己的身心，使行为者自身预感到难以承受，也就不能施加给他人。先秦儒家修身论经过300多年发展，发展出的伦理原则内涵丰富，可与世界其他文明和现代前沿研究进行对话交流及比较研究，于此可见一斑。

五、修身论的当代意义解读及未来走向

“修身”在先秦时代即已明确出现，并且承载了今日中国人个体伦理修养的大部分内涵。在中国近现代学科分类中，“修身”相关的内容按照不同的学习阶段所属归类不同，中学和小学仍有“修身”课程及教材，到了大学阶段一般被归入“伦理”科目下①。“修身”一词兴起于春秋末年儒家初兴之际，但在现代社会生活中依然具有活力，以“修身”为出发点的中国人伦理在后现代的西方兴起的对身体的关注中也得到了进一步论证。据学者总结，20世纪欧美哲学的重要变化趋势是从思辨世界转向生活世界，从意识哲学转向身体哲学，“身体”成了审视世界和思想言说的一个重要视角，如出现了“身体现象学”“身体伦理学”“身体美学”等新兴研究方向。海外儒学研究者安乐哲教授认为：在古典中国哲学中，“人”被恰当地认为是一种“身心交关”（psychosomatic）的过程……在古典中国的两极相关性的形上学中，心理与肉体相互关联，从没有出现过身（body）/心（mind）的问题。这不是说中国思想家能“调和”（reconcile）这种分歧，而是说这根本就不是个问题②。安乐哲的上述

---

① 如1902年颁布的《钦定京师大学堂章程》在“全学纲领”中即强调“今无论京外大小学堂于修身伦理一门，视他学科更宜注意，为培植人才之始基”，参见：舒新城．中国近代教育史资料：中册．北京：人民教育出版社，1961：544．

② 安乐哲，陈霞，刘燕．古典中国哲学中身体的意义．世界哲学，2006（5）．

观点代表了熟悉西方身心二元论传统的学者的“异域之眼”，他还运用上述思路，对儒家基本概念“仁”与“礼”中的身体属性做了分析：

> 在举止、姿态、端庄中，“仁”的心理属性与其身体属性是不可分的，也只有参照它们，才能理解“仁”。就另一方面而言，作为身心交关的“仁”的形式化表达，“礼”是心理状态及其相关的身体属性被结构化的和被净化过的表现方式。“仁”和“礼”的区分，不是主观的心理属性与客观的身体属性之间的区分，而是非形式化的身心交关的属性与形式化的、被净化过的身心交关的属性之间的区分。“仁”与“人”同音异义，被定义为人格的完成，它是包括身与心在内的整个人的过程。①

参考上述解读，我们就不难理解为何儒家把“修身”放在伦理体系的核心位置了，因为“身”不是像古希腊哲学中那种只是心灵某种“原型”的摹本，也不是基督教传统中那种容易堕落而导致罪恶的沉重根源，而是成仁取义的实现场所和关键所在。修身既具有当世性，也具有朝向未来的精神性。儒家典籍《左传》中，鲁国名臣叔孙豹回答贵族世家出身的范宣子何谓“不朽”的提问时，提出了著名的“立德、立功、立言”三原则，其实现路径也都是与身体紧密结合的。立德需要勤政爱民、解众倒悬，立功需要智慧谋略、勇气毅力，立言也要著述授徒、口说笔耕，这些不朽的事业与身体建立的功业密不可分。在叔孙豹所处的春秋末期，很难想象一个完全不理会身体生理健康与形象美感需求、只是致力于冥思苦想的隐修者，会成为中国主流思想家所属意并赞颂的“不朽者”。

中国古代以“修身”为核心的伦理观念，十分重视“身体的社会性”这个维度，这与 17 世纪以来欧洲伦理思想中出现的“绝对的个人”有很大区别。尽管先秦儒家十分强调“身体发肤，受之父母，不敢毁伤”（《孝经·开宗明义》）这样的基本身体权利，但并未因此发展出个

---

① 安乐哲，陈霞，刘燕．古典中国哲学中身体的意义．世界哲学，2006（5）．

人的生存权、受教育权、发展权等权利优先的主张，而是对“孝”“顺”“忠”“悌”这样的关系连带性价值做出了更多强调，修身是正心诚意、齐家治国之间的一个必要环节，诚如《大学》中所说，“自天子以至于庶人，壹是皆以修身为本”，为儒家伦理中联结个体道德与公共道德提供了坚实的基础。以勤谨修身为基础的个人之价值，很大程度上要通过对其他社会共同体成员所负义务之实现来完成，这实际上暗示了个体要通过社会合作才能达到人格的充分展现。儒家修身论在后来的发展中，也出现了强调人的主体性的内涵，比如周敦颐《通书·顺化》中称“天下之众，本在一人”，《太极图说》中称人在天地之间“得其秀而最灵”，就已将《孝经·圣治》中的“天地之性，人为贵”再度拔高，将人的道德性提升到了能在天地自然演化的基础上创造新价值的层面，用同为北宋理学大师张载的名言概括，就是道德修养足够高的君子能够“为天地立心，为生民立命”，这是传统伦理修身论在宋代取得的一个重大理论突破。

今天处在儒家文化圈之外的人士在接触到中国人的日常伦理时，还是会对他们经常提及的一些涉及“身”的伦理原则印象深刻，例如，企业强调管理者面对员工积极性的问题时要“以身作则”；地方政府表彰某些干部时，说他们对细小的道德规范能做到“身体力行”；学校里要求老师指导学生时“言传身教”，医院等兼具专业技术性和利益关系复杂性的机构，也常常要求其成员“设身处地”“切身体会”某种道德困境下应该坚持的伦理原则。如此种种现代伦理生活现象，均说明以“修身”为主要起点的伦理原则，在当下仍有其生命活力。而现代前沿科学领域，如认知心理学、道德心理学、认知神经科学等方面的研究，则展示出身体神经情感系统的“初级反应”，确实优先于各种思维逻辑推理论证，而在很大程度上主导着人们的伦理判断方向[①]。而身处儒家主导的修身伦理氛围之内的中国人，需要更自觉地意识到“修身”的现代价值，并在与现代社会实践的结合、与世界伦理对话中不断受益并获得砥

① 海特. 正义之心：为什么人们总是坚持“我对你错”. 杭州：浙江人民出版社，2014：40.

砺前行的动力。

以修身为本的道德，虽然起源于先秦，但也在历史发展的长河中与不同理论、学说、文化交融互鉴，成为中外伦理交互的一个重要的方面。历史上东西方伦理学知识从 16 世纪开始系统接触和对话，亚里士多德伦理学在明朝晚期被介绍到中国的过程中，有关学者的翻译作品就涉及“修身”的中西语境和不同含义。关于此一类似佛教最初传入中国“格义”的历史过程，梅谦立教授曾有专题研究[①]，此处有必要对号称“利玛窦后西士著述第一人”的耶稣会士高一志（Alfonso Vagnoni，1568—1640）的《修身西学》稍作介绍，并对其选择“修身”作为其引介欧洲政治伦理学说起点的原因做一简要分析。

据天主教史专家方豪先生考证，《修身西学》实际上是高一志根据葡萄牙科英布拉大学于 16 世纪末出版的《亚里士多德伦理学讲义》改编而来[②]，全书的理论框架依据是托马斯·阿奎那对亚里士多德理论的重新阐释，该书系统论述了修身的宗旨目的、行为条件、具体方法等，描摹细致、逻辑清晰，引起不少中国知识分子的赞叹，如徐宗泽称“此书有伦理之归宿处，有道德之实际，允为一部修身之好书也”[③]。该书虽然以“修身”为名，也有“意为修身之本”这样看起来与《大学》里“欲修其身者，先正其心；欲正其心者，先诚其意”类似的说法，但谈到对人的“动行”（行为）的详细分类，以及在卷四“诸情总目”之后对爱情、欲情、乐情、恶情、避情、忧情、望情、惧情、果敢、忿怒的详细分类说明[④]，就在很大程度上补充了先秦儒学经典在这方面的不足。而该书也倡导仁德、悌德、孝德、毅德、廉德、义德乃至和气、俭约等中国人熟悉的德目，列出了“德之中庸”等与儒家相似的教条，更使高

---

① 梅谦立．晚明中西伦理学的相遇：从《尼各马可伦理学》到高一志的《修身西学》．中国文哲研究集刊，2011（39）．

② 方豪．中国天主教史人物传．北京：宗教文化出版社，2007：110．

③ 徐宗泽．明清间耶稣会士译著提要：耶稣会创立四百年纪念（一五四〇年—一九四九年）．北京：中华书局，1989：218．

④ 高一志．修身西学：卷之四//黄兴涛，王国荣．明清之际西学文本：50 种重要文献汇编：第 2 册．北京：中华书局，2013：460-464．

一志晚期来华传教的核心区域——山西南部地区的官僚士夫和普通百姓，对这一套来自西洋的道德说教产生熟悉感，从而易于接受这一套同样名为“修身”的西洋伦理学说。

据学者金文兵研究，高一志在山西绛州及附近传教时，可能是吸取了此前他在“南京教案”中受儒生与佛教徒合力攻击最终被驱逐的教训，有意使其教义宣传更多呈现出与儒家伦理相融合的一面。再加上进入山西后不久即遇到饥荒和农民起义，他利用西洋火器技术帮助当地官民守城抵挡农民军进攻，又组织善会收养弃婴、赈济饥民、医治疫病并埋葬露尸①，在当地民众看来，这完全是践行了儒家先贤“修身归仁”的伦理原则。高一志的“西学修身”实践在当地吸引了大量信众，他在山西传教 15 年，信众数量超过了 8 000，这也可以看出在特定历史环境中，“修身”可以表现为某种基于人性中的普遍成分而落实的行动。尽管宣扬“修身论”者可能服务于不同的最终目的，但在以某些道德原则约束个体和社群行为、共同促成某种德行之善方面，中国古代的修身论和欧洲古典德性伦理学有着众多重合之处。

关于东西方伦理学说和实践体系的交流，以往的研究者大多数注意到了晚清西力东迫以来中国知识分子“求知识于世界以自强”、通过日本输入欧洲现代伦理的过程，但是在世界史意义上的东西方直接交流并非始于两次鸦片战争，而是始于 15 世纪末欧洲人找到通往东方的新航路之后。16 世纪耶稣会士到东方的印度、中国、日本等地传教时，他们带来的知识和技术已不是局限于中世纪经院哲学，而是有相当多的古希腊古罗马的因素和文艺复兴知识（例如，高一志引用较多的普鲁塔克著作，以及利玛窦等多次引用的伊拉斯谟作品），也向东方世界传播了当时欧洲自然科学的前沿成果。例如，与中国官员学者王徵合作译述《远西奇器图说录最》的德国传教士邓玉函（Johann Terrenz，1576—1630），在来华之前就是著名天文学家伽利略的好友，有相当深厚广博的近代天文学知识；经常被医学史家引用的《泰西人身说概》一书，则

① 金文兵. 高一志与明末西学东传研究. 厦门：厦门大学出版社，2015：46.

吸收了 16 世纪尼德兰医学学者维萨留斯（Andreas Vesalius，1514—1564）的最新解剖学成果，这段学术交流前史中也包括了欧洲政治学和伦理学观点的东传，并且对后来晚清的西学东渐提供了一定的知识铺垫。

明朝晚期的耶稣会士传入中国的亚里士多德伦理学说与政治观点片段，因为其自身理论特征和后来学者注释的不同偏向，在中国引起了不同的反响：其伦理学说平正中庸、细致温和，与儒家“修身齐家”之学不难融合，在太平年代有可能获得中国士大夫与普通民众的认同。而在上文提及的明朝末年饥荒战乱并起、普通百姓生活朝不保夕的艰难情境下，伦理宣教与扶危济困实践相结合，更有可能争取到大批信众。不过，耶稣会士传入中国的早期欧洲政治学说，尽管也是脱胎于亚里士多德的《政治学》等经典原著，但经过天主教的道德化改造，删略了亚里士多德学说的实证比较和理性分析内容，只留下道德色彩较浓的政德说教条目，且论述风格趋于烦琐冗长，在国内学者看来，亚里士多德的政治道德说教，和唐太宗《帝范》、武则天《臣轨》及后世君主的帝德训诰等并无多大区别。再加上明清易代之后曾经有 100 多年的表面稳定时期，统治者出于维护自身政权稳定的需要而几次下令严格限制海上对外交流，士大夫知识分子再也不能像明朝晚期那样有获取外来新知识的自由和动力，不能再去深入钻研《西学凡》《名理探》等看起来与“修齐治平”之学并无直接关系的西方著作（尽管这两部著作也都谈到了欧洲伦理学“厄第加”的概念）。而到了清末民初，国家危亡激起的民族情绪使知识分子中的先知先觉者倾向于优先从先秦诸子学、佛学中寻找逻辑与科学理论资源，而不愿再花大量时间精力去回头整理已被欧美现代学科体制抛弃的中世纪亚里士多德学说框架下的伦理学说和政治理论，并重新认识其历史地位和意义，这个任务遂留待今日有条件进行跨文化交流伦理问题的专门人士和感兴趣者去探索、体会和参考了。

第2章

国之本在家——中国人的家庭伦理

2

国之本在家

——中国人的家庭伦理

在儒家伦理中，修身并不仅仅是个体修养的事情，也是个体道德外推而达到家庭道德、社群礼仪和政治理想的出发点。儒家把“修身”理论从个体向外“推己及人”扩展到实践空间场所时，他们想到的第一个实践场地是“家”[①]。由于生存资源限制，春秋时的“家”，比现在一夫一妻一两个小孩的“核心家庭”规模要大很多，往往是几代人聚居在一起，接近于今天农村叔伯聚居未分家的大家族或者城市里中等规模的公司。因此，家庭伦理是修身伦理的必然拓展，也是中国人伦理的一个重要方面。在本章中，我们首先试图展现中国传统家庭伦理的基本规范，然后指出这些伦理规范在近代遭遇的挑战和冲击，最后结合中国现代家庭伦理面临的新问题，对其将来的走向做一些分析。

一、从修身到齐家

尽管修身理论如前文所述具有种种优势，但经过孔子改造的儒家在早期的发展阶段还是遇到不少困难，孔子带领弟子们周游列国时，就曾几度陷入“绝粮”的窘境，还有被士兵或“野人”围困、生死未卜的危险情况。孔门师徒自知身处乱世，也逐渐意识到很多重大的事业都需要有识之士同心协力、多方合作才可能完成，其伦理学说也十分强调

---

① 关于先秦儒家选择“家”，而不是古希腊罗马那样的城市手工业者的职业团体“法团”作为其伦理原则的主要实践场所，近代以来的中外社会学、经济学、伦理学等各领域研究者有各种解释。一种较有趣味的解释是：中国古代的“家”和“家族”的内涵在历史上曾发生过几次重大变迁，后来之所以几度出现较为发达的商品经济和城镇贸易，而仍然用“家”而不用“法团”“行会”等名称，是因为家族内部的职业分工和相应伦理规范实际上已经达到了近代商品经济兴起时的水平，很多时候家族起到了“合资股份公司”的实际作用。香港历史学者科大卫教授的相关研究可以给我们不少启发，具体可参考：科大卫. 皇帝和祖宗：华南的国家与宗族. 南京：江苏人民出版社，2010. 关于当代中国农村人的家庭生活相对于传统家族聚居时代的变迁，尤其是作为现代社会伸张“个体权利”的重要基础之一的“私人生活空间”问题的研究，可以参考近年出版的一部影响较大的著作：阎云翔. 私人生活的变革：一个中国村庄里的爱情、家庭与亲密关系（1949—1999）. 上海：上海人民出版社，2017. 此书英文版先于 2003 年由美国斯坦福大学出版社推出，即：Yunxiang Yan. Private Life under Socialism：Love，Intimacy，and Family Change in a Chinese Village，1949—1999. Stanford：Stanford University Press，2003.

“和”这个涉及人际互信与合作的概念。而人与人之间实现互信合作，进而通过今人所谓的“有效集体行动”来实现共同的目标，是古往今来众多哲人思考的根本问题之一。即使在存在亲密血缘关系的家庭、家族里，也并非因具有各种亲缘关系就能自然理顺，“修身”仍然起着基础引导作用，因为个体的心灵往往会受某些情感偏好或利益诱导而做出不公正的判断：

> 所谓齐其家在修其身者，人之其所亲爱而辟焉，之其所贱恶而辟焉，之其所畏敬而辟焉，之其所哀矜而辟焉，之其所敖惰而辟焉。故好而知其恶，恶而知其美者，天下鲜矣。故谚有之曰：“人莫知其子之恶，莫知其苗之硕。”此谓身不修不可以齐其家。（《礼记·大学》）

传统大家族中掌管事务的家长，对于自己所亲近溺爱的、所轻贱厌恶的、所敬畏避让的、所怜爱同情的、所轻视怠慢的家人，往往会产生“辟”即偏颇，从而产生过度的亲近溺爱，过分的轻贱厌恶，超出常情的敬畏回避、怜爱同情和轻视怠慢，对人对事的处理也会发生偏差，这就是没有把“修身”时形成的、控制个人情欲的平衡行为模式，正确移用到家族事务管理上。而一个正常的大家族中，除了出自同姓的父系子女、孙子孙女，还有从外姓嫁入本族的女性，这些非同姓家族成员往往容易受到不公正对待；大家族中负责管理家族事务的男性，其实处在类似“小邦之君”的地位，如果不能以勤谨修身的示范效应和积极行为（如道德修养好的家族成员更懂得彼此谦让包容）为基础，尽力维系整个家族的团结，则家族难免会因利益冲突和精神隔阂的日积月累，亲人之间感情出现裂痕，出现祸乱等悲剧场面。

在古代中国的文化氛围中，家族与邦国紧密相连，伦理意义上的“齐家”也必然连带着宗法意义上的“治国”。中国自周代以来实行宗法分封制，天子分封同姓亲戚和异姓诸侯，让其分别管理王朝各个地域，这可以看作一个家族统领几十个直至上百个贵族宗法集团，进而统治成千上万个家族的宗法社会，因此在很长一个历史时期内“齐家”的伦理逻辑可以类推到“治国”上。那时的“国”基本上是由都城、若干大小不等的诸侯封邑和环绕都与邑的乡野组成，直到东周时期各诸侯国崇尚农业和军事实力的竞争，大诸侯国的君主多派亲信文官管理新开拓的疆土，而不再像以前那样专按血缘亲疏分给宗法贵族，“齐家”与“治国”才出现了不同的发展路径。秦始皇统一六国后废封建、置郡县，从行使大行政区域公共行政权力的层面上，暂时排除了由家族分级控制朝廷与地方政权的局面。“家天下”的宗法逻辑此时发生了重大转变，除了皇帝本人的族亲之外，其他贵族大多不能再通过世袭获得区域统治权。但是在基层社会乡里以下，民众还是按照“亲亲”的血缘宗法关系聚居和生活。由于依靠血缘宗族团体的基层自治配合郡县制的集权管理，拥有公共服务成本低（宗族内部互助动力强）、征税与治安管理效率高（可以“连坐”等残酷刑罚恐吓）等优点，自秦以后的历代王朝多数都会表彰鼓励“数世共居”的大家族，“修身齐家论”也通过这种宗族生活形态的传承绵延至清末民国。

尽管由于东周到秦汉社会结构出现巨大变迁，使男耕女织、自给自足的乡村生活状态，和基于商业手工业贸易而建立起来的新型城市生活方式有了很大差别，能“齐家”者未必真能治国，但是即使在秦汉之后的传统中国，“修身”和“齐家”之间确实还存在着相当紧密的联系，这种联系是通过“礼”的制度建构来逐渐实现的。《仪礼》作为周代流传下来的“礼经”，虽然没有明确从概念理论层面上抽象出“修身”的重要性，但其规定的士冠礼、士昏礼、士相见礼、乡射礼、乡饮酒礼、燕礼、聘礼等礼仪细节，几乎每个步骤都和身体动作相关，可以说是一种“修身仪态操作手册”。成书于汉代的儒家经典《礼记》，是为了解释作为“礼经”的古《仪礼》而陆续创作，《礼记》一开头就提出了“修身”概念并强调其在礼之中的本质意义：

> 修身践言，谓之善行。行修言道，礼之质也。（《礼记·曲礼上》）

勤谨修身并践行自己的诺言，是善行的全部；身心品行良善，言语符合道义，是礼培育德行、教化民众的本质目的。从《礼记》中《曲礼》《内则》《少仪》等篇对日常生活各方面细节的描述，以及后世学者通过进一步通俗演绎宣讲来使“修身”细节化[①]，确实可以感受到这是一种全方位的“身体规训”。关于“礼”的本质，有现代社会学者将其解释为“基于民情的不成文宪法”，大概是取其与民情紧密结合，能从日常言行根本层面塑造群体生活中的个体行为规范的意义（从这个角度理解英文的“constitution”，它也确实与民情和个体行为规范密切相关）。

由此也可以看出，修身不仅仅关乎个人品质提升和形象荣誉，也与整个社会的礼制秩序建构密切相关。勤于修身、言行一致能在社会成员之间建立“协作”的信任基础，从这个层面上讲，“身修而后家齐，家齐而后国治，国治而后天下平。自天子以至于庶人，壹是皆以修身为本”（《礼记·大学》），确实有其一以贯之的逻辑。在“修身是凝聚共同体心理、形成社会共识的纽带”这个意义上，“修身”必然过渡到“齐家”，并以此构建出整个中国人的伦理体系。

二、父子、夫妇、兄弟——以家庭为重心的“五伦”

家庭关系是最主要的伦常，至今仍然主导着中国人的伦理世界。改革开放以来的有关传媒所做的跨文化社会调查表明：多数外国友人和中国人从接触到初步熟悉的过程中，印象最深的特征之一是中国人更重视个体与家庭、家族之间的联系。相对于强调个体独立发展权利与私人空间界限的欧美人士而言，大多数中国人愿意在父母、子女、兄弟姐妹的事务上花费更多时间精力，妻子家族和其他叔、伯、姑、舅、姨、婶等

---

① 比如清代康熙年间山西绛州人李毓秀编撰的蒙学读物《弟子规》，主要依据《礼记·曲礼》和宋儒朱熹的《童蒙须知》相关文句演绎变通而成，虽然正文只有 1 000 多个字，但影响极大，自问世后的 300 多年来流行于中国北方城镇和乡村，是一本稍有初级文化知识的中国人都知道的“儿童修身详尽指南”。

堂亲、表亲家族亲戚的人生发展相关问题，往往也在一个社会生存能力较强的中国男性的考虑范围之内。一个中国人如果为自己的家庭和家族整体发展做出了较大贡献，尽管他本人的事业会受到一定影响，但是在传统的伦理评价体系中，他还是可以得到“好人”“能人”的评价。在君臣、父子、夫妇、兄弟、朋友这五种主要伦理关系中，父子、夫妇、兄弟都和家庭直接相关，家庭伦理是中国人伦理思考的重心，也是思考很多问题的起点和归宿。

有研究者认为：中国传统家庭伦理“是一个以血缘关系为依据、以家或家族为本位、以等级差序为基本结构、以父子关系为轴心、以孝为主要运作手段的超稳定的伦理系统”①。父子之间相互亲爱，或父亲关爱子女、子女孝顺敬爱父母，这是“父子有亲”的基本内涵。在传统中国人的家庭伦理中，“父子有亲”被排在第一位，这表示其重要性超过其余两种家庭伦理关系，这虽然是战国时代孟子才明确提出的原则，但是在西周开始实行的宗法制度中即有明确的体现。周人以“父子相传”的家族制度取代此前商代“兄终弟及”的继承制，并且在此后几千年间成为皇位与贵族爵位继承方式的主流。“父子有亲”是整个社会关系秩序再生产的运转关键，“夫妇有别”与“长幼有序”则是在这个基础上运行，因为父子伦理关系的稳定，直接牵涉到整个社会政治秩序的稳固；从血缘关系的亲密程度来说，“父子之亲”当然要超过“兄弟之亲”，在统一王朝的和平环境下，父子继承制的稳固性也胜过兄弟相承。“父子有亲”的优先性，实际上也与秦汉统一王朝形成后的社会形态变化有关。秦代以郡县制取代分封制，对君主独尊权力的刻意强调，使部分学者倾向于把父子伦理关系中父亲优先于儿子的“尊尊”一面加以扩大，形成一种类似父权制的新伦理形态，父子之间的“尊尊”联系被移植到君主和臣下之间的关系上，单方面强调君主对臣下的统治权力，有所谓“移孝作忠”的倡导，父子伦理关系遂带有了更多的政治意味。在先秦儒家伦理中，“父子有亲”和“君臣有义”本来都带有双向性，但到秦

---

① 高乐田. 传统、现代、后现代：当代中国家庭伦理的三重视野. 哲学研究，2005 (9).

汉之后出现了用政治性的上下等级制要求父子伦理关系的倾向，把“父慈子孝”的双向度伦理要求简化为带有绝对主义意味的“父权型”伦理统治。父亲对儿子的管束成为父子伦理的主要表现形式，法律上的规定也随着道德裁判的加强而日益呈现单向性。政治伦理以家庭伦理为基础，主要表现为父子伦理关系中的父权优先，这也成为新文化运动以来传统政治伦理受到诟病和批判的重要方面之一。

“夫妇有别”即家庭伦理中对丈夫与妻子权利义务的不同划分，主要表现之一即家庭事务方面的分工，丈夫负责事关家庭生计和对外交涉的大事，妻子负责操持家庭内部的日常生活，相夫教子，不得过问、干涉丈夫的家外事业。夫妇伦理关系在周代礼制中本来有趋于男女对等的一面，周人开始推行“同姓不婚”的婚姻缔结原则，它和周人“男女有别”的家族伦理原则联系在一起，为夫妇关系中女方的地位保证提供了一系列思想和制度支撑。《礼记·昏义》中提到“男女有别，而后夫妇有义”，夫妇婚姻关系以其“合二姓之好”的性质，把社会中不同姓氏、不同文化背景的家族联合起来，使基于血缘的家族关系，从单一的、自我封闭的宗亲关系，转化成为全面的和无限开放的宗亲-姻亲关系。“夫妇有别”是“男女有别”在婚姻中的具体表现，丈夫和妻子具有不同的权利和义务，尽管和现代社会的抽象的男女平等要求不大相符，但在很大程度上以承认差异的方式，给了女性以相当的尊重。

晚清以来，这一传统伦理原则曾受到梁启超等启蒙先驱的质疑，这些启蒙先驱认为过度强调家族内部的道德义务优先，对于在“列国竞争之世”建设现代国家有诸多不利影响；虽然近代有欧美留学背景的先进知识分子如蔡元培先生等人，曾经强调个体对国家的义务应当优先于其对家庭和个人的义务①，他们倡导的个人对于国家和社会公共团体的义务之优先性，只是迫于当时国家危亡、民族萎靡的历史现实，为的是培育中国国民舍己利群、为国牺牲的爱国意识，以实现国家和民族的再度

---

① 蔡元培.《警钟》发刊之旨趣//中国蔡元培研究会. 蔡元培全集：第 18 册. 杭州：浙江教育出版社，1998：199-200.

振兴。要使整个外部秩序恢复安静，人们能够过上平稳的生活，家庭伦理秩序的建设仍然是首要的。

在中国人看来，一个人的幸福是紧密依赖于他所在的家庭和家族的，如果大多数家庭不和睦，为了争夺物质利益恶语相向甚至大打出手，这种冲突向外推延，会导致家族和社会秩序都陷入失范式的混乱。国家的团结凝聚力衰弱并发生动乱冲突，公共安全难以保障，那么公民个体是不可能幸福的。如果说一个人在家庭内部不能享受天伦之乐，对外也没有自由独立的权利，凡是和人生活相关的最为重要的事情，如生命权、财产权、名誉权等都不能够保证，这样的人能够幸福吗？在传统和现代的中国人看来，答案都是否定的。

那么想要获得家庭、社会、国家的公共福祉，同时成就个人的幸福生活，有某种能够越过家庭阶段而直接奉献于社会和国家的特别方法吗？中国古人认为是没有的，因为在他们的意识里，某些“社会”中介组织所承担的那些功能（如经济互助和防范小共同体共同的外部风险），都已经被小家庭和大家族充分容纳了。每个人只有通过发挥自身天赋才能，各尽所职，明白每个人在家庭、社会、国家中本来应尽的义务，才可能按部就班地实现道德人格、获得俗世幸福。所以个体对家人和家族中其他血缘亲戚的付出，并不会对自身的幸福有所阻碍，而正好可以成就自己。《诗经》里曾多次强调家庭和睦的重要性，如：“宜尔室家，乐尔妻帑。是究是图，亶其然乎？”（《诗经·小雅·常棣》）简单总结中国古代圣贤关于家庭伦理的教导就是：一个人必须先建立家庭，拥有一个纯粹而完整的家族氛围，父母慈爱、子女孝顺、兄弟相互帮助，孝悌关爱都是彼此应尽的义务；父亲威严正直、母亲慈祥端庄，妻子温婉和顺，夫唱妇随则一家兴隆。一个家庭会由于父子、夫妇、兄弟姐妹关系的融洽而幸福，道德人格也会因此得到锻炼培养，如此推广到朋友之间就是友爱，推广到整个社会就是仁义，推广到整个国家就是忠君爱国。家族伦理秩序顺畅与否，也关系着社会的祸福、国家的盛衰。家庭是展开道德实践的第一个场所，也是最重要的空间。

中国人的家庭伦理中，亲子关系、夫妇关系和兄弟姐妹关系不仅是血缘或纽带关系，而且位于伦理义务的核心位置。子女和父母的关系是家庭伦理的根本之一，父母爱子女是出于天性，他们之间的深厚感情也没有其他人伦关系可以相比。在儒家看来，亲之爱子，禽兽都能够做到，但是子女知道孝顺回报父母，只有人类能够持久实现，因此人之所以为人，孝顺是最根本的一点。对于家庭以孝道为基础的原因，儒家也有分析，他们认为其他动物往往出生不到 1 年，就能具备独立生存的能力，而人类往往要经过几年十几年的培养抚育，才能够具备独立应对社会生存竞争的基本能力，子女受双亲养护的时间最长，双亲为子女成长劳身操心的付出也最大，子女长时间尽孝回报父母的养育之恩，这是符合“自然之理”的。

中国伦理之所以强调子女对父母的孝顺，还与他们的“家国类比思维”有关：一个家庭就像一个国家一样，家庭里面有父母，就如同国家里有元首，元首统治国家，而他的人民如果不能顺从法律和命令，那么国家必定要衰弱覆亡；同样，父母管理一个家庭，而子女不能够尽孝，那么这个家族必然至亲之间相互违背，彼此之间充满语言争执和行为暴力，貌合神离。一家之中父母子女之间、兄弟姐妹之间，每天为了物质利益争斗不已，这样的家族集合起来成为社会，成为国家，则没有希望实现良善治理。

中国古代学者认为：孝为百行之本，后来演化成著名的谚语“百行孝为先”[①]。传统儒家伦理强调人道莫大于孝，也没有先于孝的，用它来侍奉父母长辈就是恭顺，其他的伦理原则间接可以通过推广孝亲之心来施行，道德人格可以经由此途径而实现，完整的人生意义即蕴含在孝道中。父母对子女要慈爱，子女对父母要孝顺，孝的主要表现就是三个要点：顺、敬、爱，还有一种行为上的要求是回报父母养育的恩德。所谓顺，就是谨遵父母的教诲和命令。子女幼小的时候，应当听从父母的命

① 关于“百行孝为先”这一中国古代伦理著名谚语的起源，学术界曾有过专门讨论，笔者目前认为出现较早的是南宋诗人刘克庄的诗歌《五言二十韵别方氏长孙女》，其中有“百行孝为先，彤管垂美谈”两句，此后元明清三代文人的论著乃至道教善书、寺庙楹联中也常会出现“百行孝为先”并加以发挥。

令，这一点争议不大，因为少年儿童的社会经验很少，知识也不完备，是不适合按照自己本不完整的意志来独自行事的。随着子女逐渐成长，智力和道德能力的逐渐完备，处世之道和人生经验的增多，父母的干涉也会逐渐宽松和减少。父母看到自己的子女已经成长，能够独立承担社会责任，也就会渐渐允许他们用自由意志去判断自己的行动，所以这时候孝顺的外在做法，就要有很大的变通，子女在多数事务上都可以独立做决定，并不需要每件事都去请示父母。但是在有关家庭整体前途的重大问题上，因为父母也是利益相关者，子女还是应该征询父母的意见，如果自恃自己才能过人，就悍然违背父母的指导甚至冷言恶语相向，那也称不上是孝。

中国传统社会在多数时段内是认同孝道这一根本伦理原则的，即使佛教在中国盛行的魏晋南北朝时期，佛教出家僧徒是否应该礼敬世俗王侯引起了“沙门不敬王者”等重大理论争端，孝道也还是通过佛教僧徒的中国化改造，以《地藏菩萨本愿经》《佛说盂兰盆经》《佛说父母恩重难报经》等文化形式保留下来。孝道真正受到根本冲击，是在近代新文化运动对封建礼教产生冲击之后。民国初年，北洋政府大肆推广所谓“读经”，其真实目的却是压制当时刚刚兴起的公民权利意识，片面强调忠实顺从义务，不允许知识分子和普通民众参与政治建设。出于对当权者逆历史潮流而动的义愤，中国一些知识分子对孝顺中的“顺”表达了特别的反感。四川学者吴虞撰写了《说孝》进行了集中抨击，认为孝道的负面作用远远大于正面功能，指出：“他们教孝，所以教忠，也就是教一般人恭恭顺顺的听他们一干在上的人的愚弄，不要犯上作乱，把中国弄成一个‘制造顺民的大工厂’。”[①] 新文化运动的代表人物胡适、陈独秀等，都激烈批判以孝顺为核心的传统伦理，并撰有立场鲜明的批判文章。但是在中国古人的道德实践活动中，绝大多数人并非一味坚持愚忠愚孝，而是有“权变”，即根据实际情况灵活变通。传统经典《左传》

---

① 吴虞的《说孝》，原载1920年1月1日《星期日生活》杂志，后收入《吴虞文录》，亦可见于：吴虞. 吴虞集. 北京：中华书局，2013.

等就认为，孝顺也有应该变通的地方，假如父母双亲给自己的指导命令是“乱命”，不符合社会公益伦理原则，那子女不但不应当随便听从，而且应当极力劝阻父母，使其知晓不可那样做的道理。如果明明知道父母这样做是错的，还贸然地顺着他们做坏事，不但是将自身陷于罪恶，而且会“陷亲不义”，这是孟子所说的“一不孝”[①]。如果父母不幸有了失德之举或伤德恶言，子女不想办法帮他们补救，还暴露宣扬父母的恶言恶行使其受辱，这也是孔孟等儒家圣贤所不倡导的，孔子说“父为子隐，子为父隐，直在其中矣”（《论语·子路》）。尽管这一著名命题在后来有了孟子的补充修正，但 2 000 多年来还是争论不休，20 世纪后由于东西方学术交流深入，不少学者还把这一命题与西方伦理思想史上著名的“游叙弗伦问题”做了比较研究，针对“孝”的道德本质及其社会功能、边界限制等展开激烈的争辩讨论，得出了不少富有启发性的认识[②]。

中国伦理中的孝道，还有一个值得现代人特别注意的方面，就是“孝”的规范里父母对子女也负有重要的义务，如果父母只是形式上身为父母，却不知道为父母之道，不尽父母这个伦理角色应该承担的义务，也会对家族、社会、国家造成巨大的危害。以前很多所谓“重视发扬传统道德”的人，似乎偏重于讲子女孝顺父母，而对父母应该对子女付出的义务解说不多，这是一种长期以来会引起人们误解的偏见。父母之道的具体内容虽然很多，但一言以蔽之，就是要慈爱，慈爱不是溺爱，而是为了子女终身的幸福。家庭是人生最初的学校，人一生的道德品质特性，往往如胚胎发育于子宫那样植根于家庭之中。习惯固然能够养成性格，朋友也能给人传染习性，这些因素在童年期对人的感化力量远远比不上家庭因素。父母虽然有自己特定的职业，但是行住坐卧之

---

① 《孟子·离娄下》，孟子曰：“世俗所谓不孝者五：惰其四支，不顾父母之养，一不孝也；博奕好饮酒，不顾父母之养，二不孝也；好货财，私妻子，不顾父母之养，三不孝也；从耳目之欲，以为父母戮，四不孝也；好勇斗狠，以危父母，五不孝也。”汉代学者赵岐注释《孟子》时又说，“于礼有不孝者三事，谓阿意曲从，陷亲不义，一不孝也”。

② 黄启祥．苏格拉底是否主张子为父隐：兼评郭齐勇与邓晓芒关于《游叙弗伦篇》的争论．江西社会科学，2015，35（1）．又见：田洁．告父与虔敬：游叙弗伦的德性之路．道德与文明，2017（5）．

间，须臾不可离的就是家庭教育，无论是自己选择职业还是选择居住地点，无论是言语行为，还是衣食住行，都要从家庭教育的角度考虑。从前孟子的母亲为了教育孟子，三次搬家后才定居在学校旁边，在中国古代传为佳话，也可见中国古人对家庭伦理感染力量的重视。

根据蔡元培先生的观察：以往孟子只说到"国之本在家、家之本在身"(《孟子·离娄上》)，其实还有一层意思是"家之本在夫妇"，夫妇和睦，小可使一家幸福，大则可致一国富强（中国古代常记载有著名文臣武将的妻子，在关键时刻帮助丈夫下决心加入某阵营，从事某项正义事业，为国家和民众谋福祉）。古代儒家所谓的"人伦之始"和"风化之源"在于夫妇，其道理就在这里。夫妇双方本来没有骨肉血缘关系，但是一旦结婚之后，就有了苦乐与共、休戚相关的联系，成为终生不可离的伴侣，人生的幸福在于夫妇和睦。夫妻双方为了共同的家庭，而舍弃自己的私利，互成其美，这是人生最宝贵的感情，有了这种感情，即使在困苦危难之中，也仍然能够保持同情、互相慰藉、互相鼓励，进而产生另外一种精神上的快乐，这是大猩猩等其他高等哺乳动物所不具备的。

中国古人在伦理关系中十分重视夫妻关系，因为，有夫妻而后有亲子，有亲子而后有兄弟姐妹，由夫妻衍生出的父慈子孝、兄友弟恭共同构成了家庭伦理关系的主体。兄弟姐妹之间不仅存在骨肉关系，而且他们从小在父母左右一起长大，同学同游，就像手和脚一样密不可分，这就是中国从古至今人们熟悉的"手足之情"。所以兄弟姐妹之间的感情，并非人与社会其他成员之间的感情所能及，兄弟姐妹彼此之间的感情也是出乎天性，而且没有利害得失的计较，没有交易性的逐利欲望夹杂在其中。父母与子女相处的时间和兄弟姐妹彼此相处的时间相比，父母与子女能够朝夕与共的时间，也就是三四十年，只是"一半人生"，而兄弟姐妹则不然，他们的年龄差距小，其彼此联系往往会伴随一生。所以兄弟姐妹长大以后，虽然渐渐离开父母，选择不同的职业，居住在不同的地方，但仍然应该随时相互问候、互通消息、忧乐与共。兄弟姐妹之间应该彼此帮助，年长的应该教育劝诫年幼的，并在其成长过程中给予指导扶助；如果兄弟姐妹彼此之间轻慢，甚至相互斗争，就会违背伦理，则双方都会受到很大的伤害，整个社会的伦理信念也会遭到侵蚀。

以上是从规范层面来看中国人的伦理，现实中家庭里兄弟姐妹的伦理关系，往往会被移植到社会成员离开家庭后参与的社会组织中。典型的例子是：现代中国的大型工厂或者小型作坊里，本来没有血缘联系的同行业从业者之间，男性成员之间多以“兄弟”相称，女性则称呼彼此为“姐妹”，这些并无自然血缘关系的社会成员设立的行为准则，也是参考兄弟姐妹之间的伦理次序设置的，人们依然会要求或者期待彼此会像真的兄弟姐妹一样，足见家庭伦理在中国社会的辐射影响力。

家庭和国家之间的关系，就如同细胞和有机体之间的关系。因为家庭成员每天生活在一起相互感染，如此潜移默化，产生的影响力巨大。中国古代有箴言：“与善人居，如入兰芷之室，久而不闻其香，则与之化矣；与恶人居，如入鲍鱼之肆，久而不闻其臭，亦与之化矣。”（《说苑·杂言》）人们和好的朋友交往就会行善，和恶劣的朋友交往就会作恶。兄弟姐妹之间的亲善关系，即使最为亲密的朋友也赶不上，那么他们传染的力量就会很大。凡是子女不听从父母的命令，或是用粗野轻侮的语言对待家中长者的，一般是由于兄弟姐妹间有不良的“模范”，或者从小生活的环境中充满了不良的信息和行为诱导[①]，这种影响力甚至超过了父母的口头说教。另有一个值得强调而且也曾为学者所指出的倾向是：男性社会成员在青壮年时，往往会由于血气方刚而和人争斗，男性家长和同辈兄弟的劝诫未必能起作用，而姐妹去劝说，效果就会好得多，由此也可看出家庭内部道德规训多重机制的协同作用。

上文所说的家庭中兄弟姐妹之间的关系，牵涉到中国古代一种重要的同辈伦理——“悌”，同辈之间没有父母对子女之间那种生命创造和

① 此处值得一提的是：针对当前中国社会转型期出现的伦理困惑，有些人试图把背离传统伦理的失范行为归因于父母在子女幼年时期对子女的心理关照不足。但是只简单地把成年后的心理问题归结为“原生家庭”甚至只是父母两个人的偏差，显然不够全面，这里指出同辈兄妹的正面模范或负面诱导作用，也可推广到长期共同生活的表兄弟姐妹甚至青少年同学朋友的影响，正是提醒人们思考这类社会伦理问题和童年心理教养的因果关系时，应该采取更为多元审慎的态度。

先抚育、后报德的因果联系，彼此的权利义务也要平等得多，要处理好这种既有血缘亲情，又有朋友间的平等合作的伦理关系，确实不是一件很容易的事情。对此中国古代圣贤也进行了比较深入的思考：“悌”的伦理义务规定是和“孝”有差别的，很多时候被笼统包括在“孝悌”这个大框架内，但其中有“孝友”和“孝顺”这一对存在明显不同的伦理规则组合。兄弟之间的伦理原则“悌”，明显不是一种绝对义务，而只是强调年龄幼小的一方，要听从年长一方的教导。按照一般高等灵长类动物社会化生存的实际来看，虽然它们的群体组织还未发展到像人类社群一样复杂，但其群体成员之间的分工互助也起着重要作用。人类同辈之间的相互关心、提携帮助，确实对个体生存有着重要意义。同一家庭中成长起来的兄弟姐妹，所拥有的天赋能力、社会资本关系、人脉空间等，都是差不多的，兄长、姐姐也更容易针对弟弟、妹妹的具体身体和心理情况施加帮助，兄长、姐姐的生存经验和处事能力都要成熟丰富一些，能够在社会生存中充当探索者的角色，为弟弟、妹妹提供庇护，这在客观上也有利于整个群体的生存繁衍。

三、家庭伦理的类推扩大与“关系”思维

中国人的家庭伦理向外推广，还会产生一种重要的非血缘性社会概念——“关系”。根据有关研究者的总结：一般的中国人绝对不把只是打过一两次交道的人称作与之“有关系”，在市场上卖家与顾客的联系、医院里医生与患者的联系、国家公务机构的办事人员与前来办事的公民之间的联系等，都不能被称作“有关系”。要能称得上中国人伦理术语和特定概念意义所指的“关系”，一定应具有某种“不可选择性”和“长期亲密性”。一个人在熟悉的体系之外说“某某人跟我有关系”，肯定是指此人是他的家人、亲戚、同学、战友、同事等，也包括早年就认识结交的知心朋友，这些都一定是跟他长期交往并且彼此充分信任的人，否则就会被降级到“有点交情”或者“打过交道”等浅层次的信

任。关系同血缘、地缘等因素长时间咬合，短期内是拆不开的[1]。中国古人所重视的五伦中，父子、夫妇、兄弟都符合“不可选择性”和“长期亲密性”这两个特征，这样的联系从社会学上来说，是属于社会资本信任极高的一种联系。即使是在当代中国，一些人在处理社会问题和考虑事情的解决方案时，还是喜欢从“找关系”的思路来入手，本来属于血缘的社会伦理联系，就转化为具有一定公共性的社会权力信任关系。

现代欧美人重视所谓的核心家庭，是以夫妻关系作为衡量家庭情感和生活价值的主要依据，而夫妻关系是建立在契约关系基础上的，只要双方愿意就可以选择是否结束这种契约，因此不大可能以这种并不牢固的伦理为基础，再去谋求其他利益。这种差异使不少外国人觉得中国人倾向于“滥用亲情”，而中国人则觉得外国家庭成员彼此之间比较冷漠，基本不可能利用由亲情伦理扩展而来的“关系”去做什么实际的事情，是一种“资源浪费”。中国人的这种认知，与中国古代民众的社会生活形态有密切关系。

传统中国社会的大多数成员生活在小农经济主导的“熟人社会”里，同姓家庭和宗族联合的力量，足以帮助解决普通人一生中可能遇到的生老病死、婚丧嫁娶等大部分事务，而不同姓氏可以通过通婚来建立新的亲情联系，也使基于血缘扩展的“关系思维”可以帮助人们解决大部分困难和问题。但是“关系”这种社会联系，兼具家庭伦理和社会公共权力两个层面的功能，使家庭伦理有可能扩展到私人生活以外的领域。中国人在日常生活中重视亲情，那些社会活动能力强的人，很善于利用节日拜访探望或者平常私下的朋友来往，来维持并加强基于血缘和友情的“关系”，以此来巩固和增强个人的社会活动能力，而且他们这种努力也往往能得到相应的回报。“关系”虽然是近代文化转型过程中经过中国与西方互动、内涵重新定位形成的概念，但“父子亲情”“同族情谊”等伦理基础是不变的。

---

① 翟学伟. 关系与中国社会. 北京：中国社会科学出版社，2012：77-78.

“关系”具有很强的私人性和血缘性，一般来说依赖血缘建立的“关系”，要比依赖同事和同学等建立的“关系”要更亲切、更牢固一些，这使很多依赖“关系”解决问题的中国人，倾向于把公共事务转化为私人事务，“大事化小、小事化了”。但是这种看似圆融和气的思维方式，模糊了现代社会“公权力”和“私权利”之间的界限，一旦“找关系”遇到现代法律制度层面的障碍，那些习惯了这套逻辑的人就很容易受到制约惩罚，或因“关系逻辑”受挫而无所适从。根据有关新闻报道：前几年美国曾经发生一起华人留学生校园欺凌事件，当涉事学生的家长从中国赴美解决问题时，他们首先想到的仍然是“建立关系”，企图通过事先拜访负责该案件的法官，通过建立私人“关系”来减轻刑罚。他们根据以往的交往规则给法官准备了一些礼物，并暗示在以后的交往中可以送上包括金钱在内的更多好处。但是从美国的法律体系看来，这是典型的司法贿赂，不但起不到预期的减轻罪行的作用，家长本人还可能以企图行贿、干扰司法的罪名受到刑事指控。这从另外一个侧面说明基于家庭伦理扩展出的“关系思维”有特定的狭隘性，在熟人社会小圈子里比较有效，扩展到普遍适用的公共法律和公共义务等问题上，就会产生很大的偏差，甚至会被认为是诱导腐败的主要动力之一①。

“关系”作为一种建立社会联系的方式，同时涉及家庭伦理和社会公共权力两个层面，用现代伦理学的视角来看，“关系”中牵涉的既有私人道德也有公共道德，而按照中国传统的“国之本在家”（《孟子·离娄上》）的思维方式，范围较小的家庭的伦理秩序是大共同体国家的公共秩序的基础，国家兴衰跟家庭中培养起来的个体道德状况密切相关，公德出了问题要从私德上寻找根源。中国古代也有“官箴书”“官德鉴”等明确提及公共道德义务的道德训令，但由于官员选拔制度和教育培养体系密切相关，而道德教育大部分在家乡或家族势力所能波及的家族私

① 邓晓芒. 再议“亲亲相隐”的腐败倾向：评郭齐勇主编的《儒家伦理争鸣集》. 学海，2007 (1).

学、地方书院等地进行，以家庭为核心的"私德"还是占据了大部分生活空间。师生和同学等本来没有血缘关系，也通过"一日为师、终身为父"、同门互称兄弟等"拟家庭化"方式转化为"私德"。普通读书人经过选拔进入国家公共行政体系后，"私德"仍然起着一定的作用，而对于大多数不承担公职的百姓而言，以家庭伦理为核心的私德规范体系和作为补充的"后门""关系""人情"，足以解决他们绝大部分生活问题，也使他们没有动力去发展近现代学者所呼吁的"公德"①。

中国晚清至民国时期旧伦理受到诸多冲击，而新伦理相对于旧伦理最突出的一点，就是在家庭伦理与国家伦理之间，加入了新引进的"社会伦理"，并且由于这一新因素的介入，原来大家族中具有的部分社会公共性道德，也几乎全部让位给"社会伦理"和"国家伦理"，家庭似乎退化成了一个只和"私德"养成有关的概念，而那些与自身无家族血缘关系的异姓之人交涉的"公德"品质，只能通过参与社会和国家事务来培养。但中国古代社会也有以手工业、商业为基础的都市生活，存在主要在陌生人之间进行的跨区域贸易经济，相应的，伦理思考方式也有从家庭逐渐向外扩展的趋势。

四、"家国天下"——中国家庭伦理扩展的历史逻辑

在先秦儒家那里，伦理秩序的层级分布是"身—家—国—天下"，尽管没有明确提及现代意义上居于家庭和国家之间的社会伦理，但在这一伦理链条中仍然有机会养成"公德"。

> 孟子曰："人有恒言，皆曰'天下国家'。天下之本在国，国之本在家，家之本在身。"(《孟子·离娄上》)

① 陈来. 中国近代以来重公德轻私德的偏向与流弊. 文史哲，2020 (1)：5-23；任剑涛. 古今之变与公私德行的现代理解. 文史哲，2020 (4)：5-22.

自汉代赵岐以来，学者们对孟子这句话的解释比较一致，即按照人们熟悉的“家国同构”原理，自身的修身道德可以外推放大运用到家族、国家和天下，类似的还有传统典籍里常有的“求忠臣必于孝子之门”（《日知录·卷十五》）等论述。朱熹在《孟子集注》中解释这一章时，则重点强调了其中的“有序”：

> 恒，常也。虽常言之，而未必知其言之有序也。故推言之，而又以家本乎身也。此亦承上章而言之，《大学》所谓“自天子以至于庶人，壹是皆以修身为本”，为是故也。①

朱熹在此处指出孟子这番话的意义，重点在于：战国时代的普通人虽然也常说“天下国家”，但未必知道其中的伦理生成次序，这种生成次序是“亦承上章而言之”，因为上一章“爱人不亲反其仁”集注文字里也说到该章是“亦承上章而言之”，这里有必要引出涉及的上两章文字，以帮助考察“国”“家”“身”在整个伦理秩序图景中的地位：

> 孟子曰：“三代之得天下也以仁，其失天下也以不仁。国之所以废兴存亡者亦然。天子不仁，不保四海；诸侯不仁，不保社稷；卿大夫不仁，不保宗庙；士庶人不仁，不保四体。今恶死亡而乐不仁，是犹恶醉而强酒。”
>
> 孟子曰：“爱人不亲，反其仁；治人不治，反其智；礼人不答，反其敬。行有不得者皆反求诸己，其身正而天下归之。《诗》云：‘永言配命，自求多福。’”（《孟子·离娄上》）

以上两节，是对孟子引用孔子“道二：仁与不仁而已矣”（《孟子·离娄上》）及《诗经·大雅·荡》中“殷鉴不远，在夏后之世”的具体阐发，无论具体身份是天子、诸侯、卿大夫还是士庶人，都有按照“仁”的规范反省检束自身行为的要求。从表面上看，与“家”关系密切的是卿大夫和士庶人，实际上天子自身也受到类似的约束，因为天子也有自己的子孙，最终也要在自己的宗庙中接受祭祀，而如果因为“暴

① 朱熹．四书章句集注．北京：中华书局，2011：260.

其民甚，则身弑国亡”（《孟子·离娄上》）而得到“幽”“厉”之类的恶谥，即使有很爱护其祖宗名誉的孝子贤孙，也不能废公义而改之。“百世不能改”的恶名，对于重视身后名誉的君王来说，是一种极其严重的“不仁之祸”。而这种祸患的直接后果之一，就是毁掉了自己在家庭中的正当存在感。

在“身—家—国—天下”这个伦理秩序链条里，“家”是连接个体行为道德性和国家公共道德评价的关键枢纽，如果一个暴君因为不仁而“身弑国亡”，他失去的不仅仅是自己的生命和对国家的统治权，而且会失去在家族内部正当接受“家族祖先”荣誉的权利，还要在天下“公义”的层面上接受恶谥的惩罚，“家”是处在这一链条中的一环，家庭伦理不仅关乎个人私德养成，而且对于社会整体公共道德秩序的形成和维持，也是必不可少的。也正是在这个意义上，孟子提出“天下之本在国，国之本在家，家之本在身”（《孟子·离娄上》），“身—家—国—天下”各环节之间，具有一种环环相扣、彼此渗透的逻辑联系。

儒家重视家庭伦理对整个社会秩序维持和建设的重要意义，这一点并不是从孟子开始，在孟子之前的儒家思想里就已经存在甚久：

> 齐景公问政于孔子，孔子对曰：“君君、臣臣、父父、子子。”公曰：“善哉！信如君不君、臣不臣、父不父、子不子，虽有粟，吾得而食诸？”（《论语·颜渊》）

这是孔子在回答齐景公的政策咨询时提出的政治社会伦理原则，即要求在整个社会中居于资源分配核心地位的男性成员君、臣、父、子，在言语行为方面符合理想角色的规范要求。如果臣下掌握权柄就想要废逐君长自立，儿子为了自己私欲的满足可以弑父，那么整个社会就处在基本伦常秩序崩溃的恐惧中，而孔子面临的正是这样一个旧制度解体、新纲常未立的动荡时代。比孔子晚100多年的孟子，描述当时政治社会的乱象时曾说：“世衰道微，邪说暴行有作，臣弑其君者有之，子弑其父者有之。”（《孟子·滕文公下》）而《易传》中，也明确提到类似的历史现实：

> 积善之家，必有余庆；积不善之家，必有余殃。臣弑其君，子弑其父，非一朝一夕之故，其所由来者渐矣，由辩之不早辩也。(《易传·文言坤文言》)

可见“臣弑其君，子弑其父”这种政治伦理秩序崩溃的危机，确实是孔孟等几代人面对的时代困境。如果说孔子和孟子还主张以道德说服为主，其他孔门弟子中则有了依靠制度法令来约束暴行的理论观点。据后世学者研究，强调《周易》的社会政治理论意义，建议君主们及早发现邦国中存在的篡弑谋逆危险因素并加以预防的，应该是出自擅长解释《周易》的孔门高足子夏一系，在《论语》记录的子夏言论中，他也确实对家庭秩序的建设表达出了特有的重视：

> 子夏曰：“贤贤易色，事父母，能竭其力，事君，能致其身，与朋友交，言而有信。虽曰未学，吾必谓之学矣。”(《论语·学而》)

据学者研究，子夏是孔门弟子中比较注重社会秩序建设的一位贤达，在孔子去世后曾到魏国西河一带任教，早期法家著名人物李悝、吴起等都是他的弟子。在此处子夏描述了对待妻妾和侍奉父母的原则“贤贤易色”(在夫妻关系方面注重内在品德是否贤良，而轻视容貌姿色)，然后很快就转到家庭之外的君臣关系和朋友关系上，也说明他看到了家庭伦理和整个社会秩序之间的紧密关联。伦理秩序由家庭扩展到社会，是先秦时代诸多学派思考的共同切入点。在孔门师徒用作教材并加以整理编订的《易传》中，家庭成员之间的关系是否正常，关乎整个社会的安定：

> 家人，女正位乎内，男正位乎外。男女正，天地之大义也。家人有严君焉，父母之谓也。父父、子子、兄兄、弟弟、夫夫、妇妇，而家道正。正家，而天下定矣。(《易传·彖下·家人》)

“女正位乎内，男正位乎外”演化成今天中国社会人们熟悉的“女主内，男主外”的角色分工原则。家道正而后天下定，这就是以家庭作为伦理秩序中心，向社会其他机构的示范和辐射。这里的“正家，而天下定”与“齐家治国平天下”的逻辑结构类似，同属儒家对家庭伦理和国家伦理之间的联系的阐发。不过值得注意的是，在春秋战国时代的儒家明确提出“家—国”的伦理类比思路之前，《诗经》中有关篇章已经揭示出周人对家庭内部伦理秩序的细致区分，有代表大家族的“家”，有代表具体核心家庭的“室”，还有大家族中不同的“室”之间处理关系的“家人”问题，如《诗经·周南·桃夭》所展现的：

> 桃之夭夭，灼灼其华。之子于归，宜其室家。
> 桃之夭夭，有蕡其实。之子于归，宜其家室。
> 桃之夭夭，其叶蓁蓁。之子于归，宜其家人。

娶妻生子，和乐家室是成年男性的重要社会义务。而对女方来说，“室”是自己的小家庭，“家”是自己身处其中放大了的家族（如会涉及对公公婆婆的孝敬和伯叔弟兄、妯娌之间的关系处理），“家人”则同时包括了亲缘系统里向上、平辈、向下三个层次的多种复杂关系。处理这些关系的主要原则就是要理顺先后次序，让大家族上下满意、老少心情和睦顺畅。宋儒朱熹的《诗集传》解释此诗时说：“宜者，和顺之意。”清代学者马瑞辰则说：“宜与仪通。《尔雅》：仪，善也。凡诗言宜其室家、宜其家人者，皆谓善处其室家与家人耳。”历代学者对这首诗的解读讨论，大体都是围绕家庭伦理问题。

中国古代自周代宗法礼制建立后，以大家族中男性成员为核心，衍生出一套内外有别、长幼有序的伦理制度安排，其中处于青壮年和人生创造力高峰期的兄弟无疑是整个家族兴衰成败的关键所在，对此《诗经》也做出了多次强调：

> 死丧之威，兄弟孔怀。原隰裒矣，兄弟求矣。
> 脊令在原，兄弟急难。每有良朋，况也永叹。
> 兄弟阋于墙，外御其务。每有良朋，烝也无戎。
> 丧乱既平，既安且宁。虽有兄弟，不如友生。
> 傧尔笾豆，饮酒之饫。兄弟既具，和乐且孺。

妻子好合，如鼓瑟琴。兄弟既翕，和乐且湛。
宜尔室家，乐尔妻帑。是究是图，亶其然乎？
(《诗经·小雅·常棣》)

这首经常被引用的诗歌，涉及了兄弟、朋友、夫妻三种重要的伦理关系，它把死丧祸乱与和平安宁的景象做了对比，并且举出几种“急难”情况下只有兄弟才来救助的事实，劝谏君主应该重视家族内部兄弟团结。根据《左传》记载，这首诗是周厉王时代的贵族召穆公所作，是和当时厉王猜忌亲族、朝政昏暴的情形相符合的。其中歌颂“兄弟既翕，和乐且湛”的和平景象，也透露出西周以来贵族和普通民众对兄弟这一社会关系的重视。

家族里的老人虽经验丰富，但客观上体力精神已趋于衰退，能否维持大家族的和谐稳定与长远发展，关键还是要看青壮年男性之间是否能保持团结。在普通家庭中，兄弟之间可能只是为了具体的经济利益发生争执，调和矛盾的难度一般不是太大，而到了帝王家族内部则有很大不同。中国古代帝王家族的兄弟之间、帝王与帝后的家族之间的关系远非宁静和谐，为了巨大的政治经济资源控制权，帝王家族的成员甚至会刀兵相向、手足相残。以国力强盛的汉唐两代而言，汉代初期发生过著名的吕后夺权毒杀赵王、屠戮刘姓宗室的事件，周勃等老臣迎接汉文帝即位后，又对吕后家族进行了清洗报复；唐代则是先有唐太宗为了争夺继承权杀死兄长和弟弟，武后称帝前和退位之后，李唐宗室与武氏家族也互相清算杀戮，这些亲族相残的血腥历史在统治集团内部产生了巨大的震动。据《资治通鉴》等史书记载：唐玄宗即位后，为了向天下臣民标榜自己不会像前代君主那样屠杀兄弟，曾专门建造了“花萼相辉楼”，玄宗与兄弟宁王李宪、岐王李范、薛王李业经常登临此楼，一同奏乐坐叙，一起吃饭饮酒、下棋取乐。玄宗还制作了长长的枕头和宽大的被子，与弟兄们同床共寝，以表示他并无防备兄弟夺位之心（《资治通鉴·唐纪三十一》）。“花萼相辉楼”的名称，就是来源于《诗经·小雅·常棣》中的名句：“常棣之华，鄂不韡韡。凡今之人，莫如兄弟。”

鄂（萼）是花托，即花朵最外面一圈绿色小片。诗句大意是说棠梨花开明艳耀眼，花覆盖绿萼，绿萼承载花瓣，兄弟之间的情谊，就如同这红花与绿萼一样，相互辉映。从唐玄宗到唐末，政治上虽有藩镇割据和军阀叛唐，却再未发生过皇室兄弟公开争位、相互攻杀的事件。

经过五代十国武将擅权混战的教训，宋代统治者十分重视限制宗室的武力，宗室不许担任高位文职，更不许带兵，当然也就不可能与帝王争位。与朝廷最高层的“崇文抑武”政策相对应，宋代文人士大夫群体的自信空前高涨，文彦博等人甚至公然宣称皇帝应当“与士大夫共治天下”。在这样的时代氛围刺激下，宋代学者在文化创造方面取得了众多突出成就，其中最重要的贡献之一，就是对伦理秩序问题做了宇宙论、本体论层面的提升拔高，使伦理问题带上了宇宙自然演化的神圣性，而人类伦理也被放置在天地万物演化史的大图景之下讨论。在这方面做出巨大贡献的是北宋著名哲学家、思想家张载，他关于人间伦理和宇宙秩序关联的论述见于其著作《正蒙》的第十七篇“乾称”：

> 乾称父，坤称母；予兹藐焉，乃混然中处。故天地之塞，吾其体；天地之帅，吾其性。民吾同胞，物吾与也。大君者，吾父母宗子；其大臣，宗子之家相也。尊高年，所以长其长；慈孤弱，所以幼其幼。圣其合德，贤其秀也。凡天下疲癃残疾、惸独鳏寡，皆吾兄弟之颠连而无告者也。于时保之，子之翼也；乐且不忧，纯乎孝者也。违曰悖德，害仁曰贼；济恶者不才，其践形，唯肖者也。知化则善述其事，穷神则善继其志。不愧屋漏为无忝，存心养性为匪懈。恶旨酒，崇伯子之顾养；育英才，颍封人之锡类。不弛劳而底豫，舜其功也；无所逃而待烹，申生其恭也。体其受而归全者，参乎！勇于从而顺令者，伯奇也。富贵福泽，将厚吾之生也；贫贱忧戚，庸玉女于成也。存，吾顺事，没，吾宁也。①

此段原名《订顽》，为《正蒙·乾称》中的一部分，张载曾将其抄

① 张载．张载集．北京：中华书局，1978：62-63.

录，张贴在学堂窗户上用以自省，题为《订顽》，后来著名儒者程颐将《订顽》改称为《西铭》，这段文字才有独立之篇名。《正蒙·乾称》的核心思想之一，是以乾坤、天地和父母为相互联结的一体，以乾坤确立起“感通”之德能，阐明此德此能如何从个体之身心秩序出发，向家庭管理或家族治理事务展开，再向外推广到国家天下。“父母”是人伦关系的总体代称，包含了亲子、夫妇及家庭内部其他血缘关系，这和亚里士多德在《政治学》中讲到的城邦整体的善，首先从分析城邦家庭内部的夫妻配偶关系、亲嗣继承关系、主人仆从关系等开始[①]，有着思考逻辑的相似性。

《西铭》的开篇四句将宇宙与伦理问题直接联通、气象远大雄阔，可概括为“乾父坤母说”，源于《易传·说卦·第十章》“乾，天也，故称乎父；坤，地也，故称乎母”。全文主旨是讨论道德问题，立论根基却依托于乾坤构造的宏大宇宙秩序，开宗明义式地在宇宙、社会和家庭三大秩序的相互联通中，突出社会秩序的基调和本体前提。

张载通常被中国哲学史专家称为“气本论”者，他意图将伦理秩序问题与自然演化问题统一到一个大框架下。正是基于天地万物同本于“气”的本体框架，张载提出并阐发了著名的“民胞物与”说。按照张载的理解，“天人一气”，气是宇宙本体，万物与人类都是气聚之形。作为气变化的结果，人与万物一样处于天地之间，具有共同的存在根基和本原，原本是一体的，天地是人和万物共同的父母。这是对人在宇宙中的位置的定位，也是将伦理问题和自然宇宙论结合的关键，不仅仅规范人类自身的社会行为，也要求赋予“物”一定的伦理价值，这在中国宋代以来儒家的新传统中，是一个有力的突破与创新。

在这种万物一体、普遍联结的思想背景下，《西铭》将父母、君主、大臣等不同社会角色的扮演者统合起来。“乾父坤母”的宇宙论背景，和“民胞物与”的跨越界别交往原则，运用到人类社会总体原则和人与人之间的关系准则上，便要求人们应该彼此关爱、和睦相处，整个社会

① 亚里士多德. 政治学. 北京：商务印书馆，1997.

也由此凝聚团结，成为一个充满着仁爱温馨的“拟血缘”大家庭。在这个大家庭中，每个成员都尊敬长辈、关爱孤幼，同情、帮助身体有残疾，或遭逢不幸处于鳏寡孤独境地的弱势个体。其中，君主好像是家中的长子，大臣是辅助长子、管理家业的管家（“家相”），家庭成员按理应该服从他们的管理；这个将社会关系网络“化归”为依照家庭伦理组织和管理的大家庭，充满仁爱温暖，又上下分职、长幼有别、秩序井然，是令人梦寐以求的王道大同天下。

按照张载以后的朱熹等人的意见，《西铭》虽“大抵皆古人说话集来”①，但结构系由作者创造安排，且全部由儒家典籍中引证坚贞孝亲事例。从逻辑上可以把它分为两大部分：前一部分为思想之发挥，后一部分是具体事例的列举（崇伯鲧之子大禹、春秋时郑国孝子颍考叔、上古圣王舜帝、晋献公太子申生、孔门名贤曾参、西周名臣尹吉甫之子伯奇）。观其文字，确实大抵“皆”是对儒家“四书”“五经”的字句的采撷，但分析义理又远远超越了上述具体字句的内涵，确实体现了张载将家庭伦理、社会伦理、国家伦理在自然宇宙论背景下加以统合的理论雄心。甚至可以说，同等魄力的创见在张载之后再未出现过，以至于到今天很多学者在谈到自身所在的知识分子群体的使命时，还会引用与这段文字关系密切的“横渠四句”：“为天地立心，为生民立命，为往圣继绝学，为万世开太平。”

虽然一般的中国哲学史和伦理教科书都会笼统地将“宋明理学”这个概念下涉及的伦理问题放在一起讨论，但经过回溯整理儒家后世学者的研究，笔者认为“宋明理学”这个时代集合概念，其实包含了很多不同的学派体系，其中有些思想家的想法甚至完全跳出了理学的体系，正如欧洲的“中世纪哲学”思想内容不能被简单的几个王朝或著名哲学家的思想所覆盖一样。当前探讨与这一时期相关的伦理变迁问题时，

---

① 《朱子语类·卷九十八》曾记录朱熹对该句的总体判断，但并未明确指出是集合了古人的哪些名言“说话”，现代学者林乐昌教授在《正蒙合校集释》一书中，对包含了《西铭》全文的《正蒙·乾称》做了详细的考证，可以参考：林乐昌. 正蒙合校集释：下册. 北京：中华书局，2012：881-915.

尤其要注重不同的学者在这一体系内外所做的创新努力，注意有哪些思想家的“异端”理论或者独特说法冲破了前代学者的常识，帮助我们理解中国伦理体系在适应外来文化冲击和现代物质文明变迁时体现出的弹性。

宋明理学对中国近世伦理主要性格的塑造，其实与元代和清代两个非传统中原王朝的统治有相当密切的关系，海外中国学研究者在 20 世纪曾对于中国从何时“走向近世”的问题提出过若干著名的模型，例如，日本学者宫崎市定、内藤湖南等人的“唐宋变革论”；20 世纪后半期美国学者提出的“宋元明转型期”等。综合考察这些带有现代社会理论思维色彩的假设，笔者认为他们指出中国古代若干重要伦理观念的推广与所谓的“征服王朝”有关，并且主张跳出“汉语历史记载中心观”的束缚等，均能给我们思考古代中国多民族国家的诸多问题带来启发，但是也要密切注意这些外国学者自身的问题立场，他们往往是从自己的文化体系甚至现实国家利益出发，来思考和研究作为“外国”的中国的问题，涉及中国元朝和清朝历史与政治文化的不少观点看似新颖，实则偏颇，甚至有一定危害性，不可不加以分析辨别。

元代是朱熹学说确立其在科举考试中主导地位的关键时期，此前的南宋王朝，朱熹理学思想尽管已在民间有相当大的影响力，但在朝廷层面几次被宣布为“伪学”并遭禁止传播，而在元朝灭南宋并停止科举几十年后，原来汉族学者之间围绕朱熹理学是否应该成为科举考试“经义”主要参考的争论已不复存在（原来反对朱熹的主要是在南宋朝廷掌握政权的高级官僚集团及其拥护者）。到 1313 年元仁宗正式下诏恢复科举考试时，围绕在他周围的汉族官员大部分是理学传人或者同情理学的原南宋文人，考试科目重经学而轻文学（原来金代科举更重视文学），指定朱熹所著的《四书章句集注》为所有应试者的标准参考用书，在“五经”其他选考科目中也主要采用朱熹和其他接近朱熹一系的学者的注释，这一规定的文化历史意义超出了元朝一代，并且在明清两代延续下来，程颐和朱熹的某些伦理主张也作为“国家官吏选拔考试主要参考”而获得了巨大影响力，在近 600 年间塑造了中国社会近世伦理的主要性格。

此处值得说明的是，在 20 世纪曾被一部分激进知识分子当作“封建糟粕”或者“恶劣传统”的某些伦理主张，例如，压制妇女再婚自由的“饿死事小，失节事大”，窒息生机的“存天理，灭人欲”，强调单方面愚忠的“君要臣死，臣不得不死”等谚语，固然可以找到某些理学名人的相关言论作为源头（如程颐确实说过“饿死事极小，失节事极大”[①]），但其落实成为日常生活中具有约束力的具体行为规范，则往往和地方风俗民情、特定区域信仰乃至系列历史事件的刺激有关（如明清两代江南很多地区对妇女失节事件的严厉惩罚和某些地方势力的鼓励推动关系密切）。伦理原则在最初的倡导者那里，还是一种富有一定弹性、可供讨论的思想假设；到了后世特定的历史时空情境中，有关社会权力的拥有者就会根据需要将这些来自“传统权威”的思想资源转化成对自己有用的“权力工具”：宗族掌权男性可以用朝廷可能赠予的“节妇”名头，来威吓或劝诱妇女只忠于本家族；某些帝王不遗余力地表彰前代和本朝的“忠臣义士”，以鼓励臣民为巩固自己的统治献出全部精力乃至牺牲生命；而大量的底层社会民众，则被教导相信自己之所以没能进入想象中的上层精英社会过上舒适生活，是由于自己心念中还存在大量不合天理的低级欲望。凡此种种，都说明理学这种庞大的思想体系通过几百年间与中国社会的缓慢融合，已逐渐渗透进每个社会成员的日常行为与文化潜意识，并且与社会权力的各个层级实现了有机配合，吸纳了不同历史时期的文化思想资源，方才融汇形成了这样一个对近现代中国影响深远的伦理思想和行为体系。

而对这样一个由层次多样、复杂糅合的思想观念组成的系统进行大规模分析批判拆解，则是在晚清以后的中国才全面铺开的。中国家庭生活伦理的实质性变化，也和欧洲一样是首先从城市生活中开始的，或许可以追溯到明朝晚期；而农村生活中“私人空间”的出现和确立，则如本章开头曾提及的阎云翔教授的研究，是 20 世纪中后期才逐渐发生的

① 程颢，程颐. 二程集：上册. 北京：中华书局，1981：301.

现象[①]。

五、传统家庭伦理及其现代转换

值得关注的是，前文曾经提到的明朝晚期来到中国的意大利耶稣会士高一志，曾在艾儒略《西学凡》等书籍的启发下，参考了当时欧洲流行的亚里士多德哲学经院解释，撰写了著名的"'厄第加'三书"，除前文曾引用过的《修身西学》外，还有《齐家西学》和《治平西学》，其中《齐家西学》共五卷，包括齐夫妇一卷、齐童幼两卷、齐仆婢一卷、齐产业一卷。其中虽然也引用《易传》"女正位乎内，男正位乎外"（《易传·彖下·家人》）的说法，但已经明确提到上帝造人的宗教观点："造物主初造一男，遂取男一肋骨造一女为配，是万民之宗祖也。"[②] 在定偶、择妇、正职、和睦、全和、夫箴、妇箴、偕老、再婚等具体环节上，该书所提出的伦理原则也往往援引《圣经》中的言论或基督教教法作为依据。尽管该书在齐家的具体方法上有与儒家伦理重合之处，在应付世俗事务方面也有若干共识和通用策略，但最终导向对天主教的信仰，这与中国古代儒家的家庭伦理显然是不同的体系。

传统中国以"五伦"为主干的伦理体系，虽然自晚清以来因欧洲列强的压迫而受到很大冲击，但在指导社会基层细胞如家庭生活与乡里风俗方面仍具有实际功效，即使那些清末民初留学海外具有了新思想的学者，他们的著述还是给予传统孝道等伦理原则以相当的地位：

> 且夫孝者，所以致一家之幸福者也。一家犹一国焉，家有父母，如国有元首，元首统治一国，而人民不能从顺，则其国必因而衰弱；父母统治一家，而子女不尽孝养，则一家必因而乖戾。一家

---

① 阎云翔. 私人生活的变革：一个中国村庄里的爱情、家庭与亲密关系（1949—1999）. 上海：上海人民出版社，2017：22.

② 黄兴涛，王国荣. 明清之际西学文本：50种重要文献汇编：第2册. 北京：中华书局，2013：514.

之中，亲子兄弟，日相阋而不已，则由如是之家族，而集合以为社会，为国家，又安望其协和而致治乎?①

以上是蔡元培先生在《中学修身教科书》中的一段议论，其中家国类比的思考方式是传统儒家所固有的，家可以集合而“为社会，为国家”，且家庭的治理情况直接关涉它身处其中的社会和国家的治理水平，是一种典型的近代思维。

正如本章开头说过的那样，中国人的传统伦理秩序层级是“身—家—国—天下”，在家族和国家之间并没有一个像欧洲古罗马时期到中世纪那样的城市职业法团群体，由手工行会和职业法团承担起联系组织陌生人的“社会”实体功能。但是古代中国也很早就出现了数十万人口的商业城市，到唐代甚至有长安这样百万人口、各国各族人聚居的大型国际都市，这些都市中存在着发达的商品贸易和货币交换经济形态。客观上大量存在的“陌生人”群体，使古代中国人也必须面对如何化“生”为“熟”，并容纳单靠家族伦理所不能解决的问题。我们可以看到各种历代文学作品中所描述的古代家庭与国家之间的社会组织形态，一般是向家国“两端”靠拢，即人数较少、功能明确单一的组织，一般会采取“拟家庭化”的方式。例如，手工技艺的传承：一方面，如果师父决心将自己的关键技术传授给某位外姓男性，可能会收其为“义子”或要求改姓，甚至将自己的女儿嫁给这位传承人，完成真正意义上的“家族化”，而徒弟也多半会遵守“一日为师，终身为父”的伦理准则，像侍奉父亲一样完成对师父的孝顺义务；另一方面，如果某个专门技艺组织规模很大，则其领导者可能会在“拟家族化”基础上仿照国家的行政分级，按照区域分层设立自己的组织，上下辈之间仍以师徒父子之礼相待，同辈之间则以“大哥”“小弟”等“拟家庭化”称谓互称，在具体事务上则可能按照能力原则，由该组织内部的负责人依据其权威来决定，典型的说法是在帮会组织内部常引用的“国有国法，帮有帮规”。但是这种拥有自己资产技艺的多分支大型联合组织，因为潜伏着聚众持

① 蔡元培．中学修身教科书//蔡元培．中国人的修养．北京：金城出版社，2014：108.

械争斗甚至谋反起事的可能，往往是皇帝及其大臣所不喜欢的，在遭到镇压后活动形态往往会转入地下，并与地方官府取得某种默契以维持长期生存。

相对于孝道受到的集中批判，“五伦”之中兄弟与朋友之间相互友爱这种平等的伦理关系，在近现代以来的境遇要好得多。清末维新志士谭嗣同在其所撰写的《仁学》一书中，认为朋友一伦可以作为“五伦”中最有现代价值的一部分保留下来，推广到全世界。即使在五四运动以后激进革命家推行的“革命伦理”中，共同投身革命事业的道德感情，也是以平等同辈之间的革命兄弟姐妹关系为主干的。尽管革命者的队伍里也不可避免地存在上下级关系，但居于合法性优先地位的伦理原则是民主平等，反对旧式家长制的压制，也不赞成对上级不分情况一味顺从。在 20 世纪 20 年代以后，中国传统的“五伦”关系中的君臣伦理因帝制解体而不复存在，父子、夫妻关系都因为暗含封建宗法这一压制因素而受到猛烈批判，只剩下兄弟和朋友这两伦，因为最初假设了人格上的平等，现代以来受到比较多的重视。

中国传统伦理强调兄弟姐妹之间要相互友爱，年长的兄长和姐姐，成熟时间较早，具有更为丰富的社会生活经验，在指导弟弟和妹妹成长、帮助他们渡过人生难关方面确实有更多的便利。相对于中国式“孝悌”伦理依赖家庭培养和实现的模式，信仰基督教的欧美国家大多数儿童出生后不久就要受洗，他们虽然也有兄弟姐妹，但又不仅仅依赖血缘关系，而是在上帝面前一律平等。青少年社会身份的获得，在不少环节上要依靠基督教会，本堂神父进入社区重新组织人群，试图通过宣讲教义使青少年懂得相互理解和团结，在社会事务中能够爱邻如己、友善互助。这种组织方式的好处在于它容易突破血缘限制，在大共同体更广阔的范围内实现社会团结。

而中国传统伦理强调以家庭为单位，在作为社会细胞的家庭内部，年长的同辈人必须爱护、帮助年幼的一方，血缘上的亲近感和生活环境、资源经验的相似性，更有可能实现切实有效的指导。我们也要承认，以家族为单位开展的这种社会团结教育，会因为血缘的亲近而产生偏私，家庭人才和其他资源的有限则显示出狭隘。如果不加辨别改造地将其全盘继承，并运用到现代陌生人构成的契约商业社会，则可能会产生一些偏差，如因亲情而以私害公，无视法律规定和公共道德规则，用某个具体个人手中的公权力为小家庭谋取私利，出现损害社会整体利益的狭隘短视行为。

朋友一伦在现代社会以陌生人为主的商业契约贸易环境中，找到了更大的发挥空间，如这种关系可类比到国家与国家之间的平等交往，外交官员就经常套用孔子的话说："有朋自远方来，不亦乐乎？"（《论语·学而》）儒家十分强调朋友在道德成长、人格完善中的重要作用，个人完成人格自我实现的漫长修养过程中，除了家人和师长之外，最重要的凭借就是朋友。一个人在接受了基本的初等智识教育后，无论是在科举上谋求发展、在专门的职业领域追求成就，还是在所谓的江湖里摸索各种社会关系，"在家靠父母，出门靠朋友"都是他们重要的伦理信条。晚清以来，靠朋友伦理支撑的会党社团，在革命党人举行起义、夺取政权方面，曾起到了重要的作用，因此他们也把这种文化带到了后来建立的中华民国政府内部，在一个历史时期内，中华民国政府的军政领导人，或者是文化教育界的领袖，讲话中常会以"兄弟某某"自称，而不再像古代官场那样以强调行政级别的"属下某某"，或者强调科举师门关系的"学生某某"称呼，可见新式的伦理观念已经渗入政治文化，并且被众多社会成员所默许和接受。朋友之间像兄弟那样互帮互助、遵守契约信用，这一有利于集体合作的文化基因，也在中国现代社会得到了充分的继承。

孝道从汉代以来，被历代宗法王朝奉为统治基础之一，从汉惠帝以下的汉代君主谥号中皆有"孝"字，此后帝制下中国各朝代的帝王谥号中"孝"字也高频出现，"孝"确实已经脱离单纯的家庭伦理范畴，构成了上层政治合法性的重要基础。但是从中华民国建立、帝制谢幕，到新文化运动集中宣传引介欧洲个人主义思想以来，孝道因为明显压制个性，受到知识分子的集中批判。在此后建立的新道德体系中，孝敬父母虽然仍被承认为一种美德，但已经失去了它昔日统领其他伦理原则的核心地位，“孝”在现代中国社会生存的根基仅存在于传统的大家庭中（在农村家庭或者刚脱离农村生活环境，而思想尚未完全离开传统影响的城镇家庭中也存在），“核心家庭”则更强调父母与子女之间的平等人格。

但是20世纪中后期的中国历史表明，对中国这样一个农业人口仍然占大多数的国家，或者说是一个正从农业经济中逐渐走出而转型为工业化国家的超大规模共同体来说，在可以预见的一个历史时期内，“孝道”仍然具有它特定的社会团结意义。“孝”的积极内涵是：维持小规模到中等规模人群之间的相互联系，实现小团体内部协作和睦、凝聚为一体的有效精神纽带之一。

相对于中世纪后期以来在欧洲市镇中基于陌生人贸易而发展起来的契约团体，中国传统的以孝顺及孝道为基础的统治方式，和以小农分散经营为特征的小团体凝结起来的共同体经济，有彼此适应之处：靠宗法血缘建立起来的诸多“熟人”团体，成员们奉行的“孝敬师父”和“帮衬兄弟”伦理规则，能够减少人们彼此再度以陌生人身份多次反复谈判、协商建立契约的信任建设成本；如果一个人能够在自己的宗法血缘小团体中获得“孝顺”的美名，可以预期他在一个比较大的共同体中，仍然能够按照他这种伦理行为规范，继续担任他以往的角色。古人所说的“求忠臣必于孝子之门”（《资治通鉴·晋纪二十八》）即是出于这一逻辑。

孝道文化熏染之下的共同体成员，一般具有易于合作、尊重秩序、不支持晚辈公开抵制反抗长辈和轻率争辩等特性，在一个历史时期内，这种个性被认为是和竞争性的自由资本主义不相协调的，在信息化高度发展、要求人们高度协作的后工业化社会里，信息元素瞬息多变，这种伦理规范更显示出它的局限性。不过从另一个角度看来，这种基于基因遗传和血缘关系的团结方式，结合人们天然禀赋中认同精英的倾向，可以用较低的成本识别“自己人”，再度把社会成员在最小可能的生物限度上凝聚团结起来，在趋于巨型化的现代垂直监控体系里，多少能为人类的自由选择保留一些灵活的空间。

因为中国传统伦理允许一夫多妻的存在，女性在客观上处于弱势地位。中国古代也出现了不少著名的才女或者能干的女政治家、社会活动家，与具有同等杰出才能的男性人数相比，女子的地位还是要弱得多。儒家有关女性地位的论说，多数是劝她们要柔顺容忍，并列举了相关的宇宙论根据，如阳德刚健而阴德柔顺等。儒家高度关注世俗社会政治生活，对女性参政和参与社会生活的规定，也特别苛刻细致，在宋明理学中，出现了理学家程颐“饿死事极小，失节事极大”[①] 这样的观点，尽管辩护者称程颐这句话本来有特定语境（是用妇女不应轻率再嫁来讥讽那些在改朝换代之际见风使舵、逢场作戏的奸猾官僚），但其中包含的轻视女性生命权的偏颇论述倾向，从清末以来就受到具有现代性别平等意识的知识分子的多次集中批判，也确实并非无辜受过。

传统伦理对女性地位的诸多规定中，还有值得重视的一点是：中国佛教和道教起初均对女性表示了相当的宽容，在理论上倡导女性与男性完全平等的理念，思想倾向与早期儒家敬重淑德贤良的伟大女性的传统结合起来（如儒家所尊崇的周初三贤妃：太姜、太任、太姒），为现代中国的妇女解放运动奠定了坚实的思想基础。据有关国际机构统计，在现代中国，妇女参加工作、担任社会公共领导职务、在科学技术及文化艺术等领域取得杰出成就的比率，在世界各国妇女中居于领先地位。尽管在妇女识字率、贫困地区妇女社会地位等方面还存在一些问题，但中国男女平等的伦理理论问题已经基本解决。世界各国伦理学家对 20 世纪以来有关男女平等的激进伦理思潮进行了反思，很多学者在其伦理学说中强调夫妻双方在自然生理方面的差异，重视女性在儿童家庭教育中的主导地位，认为女性因为生育等艰辛付出，应该受到更多的尊重等，这些理论观点，在现代社会仍有其特殊的价值。

朋友和兄弟这两类伦理关系的意义，也可如上文所述做出推演。在现代社会伦理规则体系中，“平等”已经成为人与人之间交往的基本原

---

① 程颢，程颐. 二程集：上册. 北京：中华书局，1981：301.

则。具有欧洲基督教背景的博爱信条，被清末民初的思想家、革命家所接受并广泛传播，而友爱友善互助的博爱伦理原则，则更多由传统家庭中的兄弟伦理扩展而来，其更多地与社会伦理相结合，是下一章将要集中讨论的问题。

Transformation of Ethical Ideas in Contemporary China

第 3 章

人生不能无群——中国人的社会伦理

3

人生不能无群
——中国人的社会伦理

20 世纪后期西方兴起的社群主义，对抗启蒙运动以来以个人为中心的伦理观，突出人类伦理的社会性和交互特征，认为人类个体及其“自我”本质上是由他所在的社群所决定的。与此前突出强调个人权利不可转让剥夺的权利政治学相比，社群主义拥护者更强调社区和家庭的价值，通常也拥护基于社群共识的爱国主义，这一点和中国古代人熟悉的“家国天下”的内涵十分接近。不过两者的思想资源和成立背景有很大差别，社群主义针对的是 17 世纪以来兴起的以财产权为基础的自由主义的过度膨胀，其论证方法并没有脱离认同自由价值的基本路向；而中国古代伦理思想对家庭之外的伦理责任的阐释，主要是通过和家庭伦理有密切关系的师生、朋友等几对简单的伦理关系线索来展开的，对这些关系的发挥也往往存在彼此借鉴、融合共进的特征，如同一些大众熟悉的谚语“一日为师，终身为父”“在家靠父母，出门靠朋友”等所揭示的。中国古代的师生、朋友等处于家庭血缘之外的伦理关系，其成立基础和展开形态如何，在近现代又发生了怎样的形态变化，在接连经历了工业化、信息化密集冲击影响的当代中国伦理网络中，它们又对新式社会共同体的建构发挥哪些影响作用，这都是本章要探讨的主要内容。

一、师生、朋友与传统伦理的非血缘空间

中国人传统的主要伦理原则中，除了上一章所说的与家庭有关的几种伦理关系外，还包括不同血缘群体的社会成员彼此之间的伦理关系，如何界定彼此权利义务关系的“群”伦理，进而在群体中立己成人，在中国思想家的著作里也有很多表述。“群”是战国思想家荀子使用较多且较为成熟的概念，提出“人生不能无群，群而无分则争，争则乱，乱则离”（《荀子·王制》）。荀子对人区别于其他动物的社会合作优势的强调，构成了后世很多思想家思考人性和社会问题的起点，也是我们探讨中国社会伦理问题的基础之一。由于社会伦理问题包罗万象难以一一详尽剖析，这里仅就与家庭和国家关系较紧密的师生与朋友伦理关系为主

要对象，展开相关讨论。但是现代社会分工细致、层级众多，人与人之间的伦理关系种类丰富，超过了传统社会的任何时代，有些重要的关系，例如，国家公职人员的上下级关系、同僚关系；公司内部管理者与被管理者的关系、同事合作关系；非营利组织与其资助者之间的关系、民间公益志愿组织与被帮助者之间的关系等，也都属于社会伦理的关注范围。这些包含了新时代生活内容的伦理关系，并非和传统的血缘、非血缘伦理关系完全脱节（如中国当前社会存在的大型民营家族企业“父老子继”的关系），因此在涉及师生和朋友相关的问题时，也会有针对这些新式社会伦理和传统伦理规则的联系的阐发。

（一）师生、朋友关系是血缘伦理的重要补充

从传统到现代，中国人的伦理中始终存在的一大特征是由内而外、推己及人的思维方式，20 世纪著名社会学家费孝通先生所提出的传统中国社会“同心圆”结构（也称“差序格局”），是对中国人的社会伦理建构特征的较好的一种解释。在这个框架之内，毫无疑问居于中心的是自我，而与自我最亲近的内圈，就是与“我”有血缘关系的亲属之间的关系。在此种血缘伦理之外再推一层，就到了一种虽不具有血缘关系，但具备与血缘关系有相当程度的亲密性的社会伦理关系。在这一层伦理关系中，居于主要地位的是师生以及朋友两类伦理关系，这两类伦理关系作为血缘伦理的重要补充，千百年来对中国人的思想行为产生了重大的影响。至于师生以及朋友这两类伦理关系是如何从血缘伦理中推演扩充而来的，我们可以简单归纳出如下的相关性：在精神特质上，师生关系近于父子关系，而朋友关系近于兄弟关系。

师生关系对社会共同体建构的重要精神意义，在先秦时期便已经得到充分重视。儒家的基本礼仪规范论说汇编《礼记》在一开头便对师生日常见面和相处时的礼仪做了规定：“从于先生，不越路而与人言。遭先生于道，趋而进，正立拱手。先生与之言则对，不与之言则趋而退。”（《礼记·曲礼上》）学生跟着老师一起外出时不能擅自和别人闲话，在路上偶遇先生时要整肃仪容准备聆听教诲。这是从外部礼仪规范的层面

描述师生关系。在专门论述“学教之义”的《礼记·学记》中，则对师生关系在整个社会秩序建构中的重要意义做了比较充分的阐发：“玉不琢，不成器；人不学，不知道。是故古之王者建国君民，教学为先。”这是从教育培养合格社会成员这一根本意义上讲的。对教学进程不同阶段中学生所能达到状态层次的描述，则直接涉及师生伦理的社会功能，具体说来就是：“一年视离经辨志，三年视敬业乐群，五年视博习亲师，七年视论学取友，谓之小成。九年知类通达，强立而不反，谓之大成。”（《礼记·学记》）在这几个学习层次中，“敬业乐群”“博习亲师”“论学取友”都带有明显的社会伦理内容：“敬业乐群”是指对自己从事的“职业”和共学团体要有责任心，善于融入和自己有较密切联系的群体；“博习亲师”是指广泛涉猎不同知识领域，对师长要亲近尊重；“论学取友”是指选择朋友时要注意他们的道德水准和专业知识技能。可以说这是一个自然人在成长为社会共同体成员的过程中，迟早要认识和掌握的社会潜在运行规则。而这些培养步骤的最终目标是和社会整体秩序建构有关的，即：“夫然后足以化民易俗，近者说服而远者怀之，此大学之道也。”（《礼记·学记》）“化民易俗”用今天的语言来说，就是教化百姓，使之形成良好的风尚，要引导民众认识并适应所在区域的“民情”，因为这是一切治理得以施展的基础，这接近法国著名启蒙思想家孟德斯鸠在《论法的精神》里着重阐述的“法的精神”之本意。

（二）师生、朋友关系仍在社会伦理诸关系中起主导作用

前文已经说过，中国现代国家监管能力大大加强，商品经济的高速发展，使社会伦理生活中公权力行使者和公民之间的伦理关系占据着重要位置，“公正”遂成为重要的伦理价值。同时，商品贸易因种类丰富、服务周到而极大地方便了普通公民的生活，“诚信”这一价值也同时得到了更多的重视，传统中国社会里的“信”固然也是核心价值之一，但排序在“仁义礼智”之后，也不像今天这样内涵明显侧重于商品交易诸环节（从人们对“信用”“信托”等词汇意义的第一反应即可见），更多的是强调交往过程中对自身言行许诺的切实执行。从表面上看，与师

生、朋友直接相关的伦理价值要求似乎退居到了社会生活中的“二线”，实际上稍微关注现实伦理问题的人都会注意到，无论是哪个层面的道德失范现象的出现，最后都可以追溯到当事人所在行业“训导体制”的退化和不良环境的腐蚀，例如，关系民生的桥梁、河堤因质量差而发生垮塌，主要供儿童饮用的牛奶中掺入有害化学溶剂，采矿炼钢企业过量排放烟气导致空气污染等，最后总可以追溯到主要管理者的观念问题和经营区域的政商“生态”问题，例如，干部自身思想学习不到位，奸商“围猎”腐蚀等，具体说来或多或少还是与根源上的“师道”和“友道”相关。尽管社会生活现象出现了各式各样的变化，但师生、朋友这两条伦理关系主线，仍然在很多方面主导着中国人的社会伦理生活。

在中国传统文化中的师生关系中，“师道”能够成立的一大前提就是人的道德能力并非天然自觉：即使每个人都有一颗向善的心，如孟子所谓的“四端”发乎天然，能够驱使人们自然地采取一些被社会公众看来是“善”的行为（如看到一个小孩将要掉到井里就忍不住想要去救他），他对什么是善以及如何追求善的认识，也并不具有与生俱来的自觉。而对于这些道德内容：一方面，人是需要向教师求教并且学习的，如果不能做到主动学习这一点，人面临各种道德义务的选择时就会茫然不知所措；另一方面，作为永恒的人生实践者和学习者的教师自身，也对善有着向往和追求，他在这个过程中也离不开向他求教的学生。中国古人对于“教学相长”的原理曾有过论述：“是故学然后知不足，教然后知困。知不足，然后能自反也；知困，然后能自强也，故曰：教学相长也。”（《礼记·学记》）因为在老师所接受的观念系统里，引领这些年轻人走到“求道”人生的正途上，这本身其实是天地赋予他的一项使命，这项使命具有相当的神圣性，用现代德国著名社会理论家马克斯·韦伯的说法，向学生传输理性探索能力，是教师的一个“天职”[①]。

---

① 韦伯. 科学作为天职. 北京：生活·读书·新知三联书店，2017. 另外值得注意的是，“天职”一词在先秦经典《孟子》中已有出现，孟子是在回答弟子万章对朋友之道的提问时论及这一主题的，与本章讨论的相关伦理问题有一定重合，具体可参见《孟子·万章下》“万章问曰：‘敢问友’”一节。

在一个自然个体通过学习逐步习得社会道德规则与生存技能的过程中，对他影响最大的除了老师和家庭，就是朝夕相处的同学朋友，而且“友道”本身也是在各级学校学习和实践的重要内容。朋友关系主要涉及与什么样的人交友、以什么样的品格获得朋友、与朋友以什么样的原则相处这三大类问题，其中尤以与什么样的人交友为主。“不知其人视其友”（《孔子家语·六本》）这句古老的中国谚语训诫，恰恰说明了古人意识到朝夕相处的朋友对普通人道德伦理观念的形成乃至日常行为都有很大影响力，甚至有文人将这一原则推广到政治语境中，主张帝王也要“慎择其友”。“朋友”一伦在晚清民国时期受到维新派士人谭嗣同、梁启超等人的高度重视，或因为“择同志而友之”一方面符合传统伦理原则，另一方面则能满足当时社会剧烈变迁动荡的需要，在家庭宗族之外的空间建立起一种新的共同体秩序，这种基于平等和道义的交往，显然超越了旧时江湖行会或者秘密会社带有明显血缘色彩的伦理，且更容易与当时“国际社会”上处于强势的欧洲基督教平等伦理“接轨”，因此得到很多新式知识分子的拥护，也为后来同样具有西洋平等文化背景的“革命同志伦理”的产生预先做了社会文化心理方面的铺垫。

即使到了现代中国社会伦理的生活语境中，师生关系和朋友关系也仍是社会公众关注的重要话题之一。随着中国从 20 世纪后期开启改革开放事业并取得巨大成功，社会财富积累有了相当可观的增长，由于某些特殊阶段的政策鼓励，教育的质量好坏似乎更多地可以由经济投入的多寡来决定（如现代中国一些大城市家长很熟悉的“高价学区房”和“昂贵补习班”），师生关系也经受了商品经济观念的巨大冲击，这当然违背了教育产品的公共性，也和古代中国圣贤所倡导的“德育为先”的师德理念互相抵触，因此很容易引起公众的集体反感。

（三）传统师生、朋友关系的特征

传统师生关系的第一个特征就是平等，这可能会让很多习惯了“批判传统文化糟粕”的读者感到难以置信，因为关于古代中国的师生关系，他们最耳熟能详的就是“师道尊严”这个从字面上来看明显带着不平等气息的词语。笔者之所以在“师道尊严”这四个字之下谈看似不存在的平等，是因为根据传统典籍的教导，“师道”是来源于师生共同对天道的追求，而不是说“道”被老师所占据，学生要求“道”就得在老师面前低人一等，在共同求“道”这项事业中，师生在人格上是平等的，因此古代才有“亦师亦友”“师友之间”这种常见的伦理关系表述。在作为目标的至善和真理面前，教师自身和学生都是学习者、践行者和崇拜者。唐代思想家韩愈在著名的《师说》一文中，更是明确提出老师和学生之间的区别是所谓“闻道有先后，术业有专攻”，从实际德行修养来看，“弟子不必不如师，师不必贤于弟子”。教师并不会因为他年龄长于学生，对知识性内容的掌握早于学生，而独占对真理和至善的解释权，从而只有一种宣教的权力。师道不是从教师出发的单方面对学生的要求，而是出于对真理和至善的共同热爱，而产生的师生之间天然的互相尊重和敬爱。

传统师生关系的第二个特征就是蕴含着一种不平等关系的敬畏。虽然师生双方在真理和至善面前是平等的，但是二者相对于真理和至善，都是一种并不完满的存在，都是一种有限的追求者的形象，因此教师身份的重要性就得以突显。教师之所以居于这个地位，获得这一身份，根本原因在于他具备高尚的德性，在于他已经具备了较高的对善恶的判断能力，同时有着对世间万物的爱和责任；另外他以教学的方式阐发“道”，也在于他有着一颗热爱智慧、真诚求知的诚恳的心。而这些对于大多数年轻学生来说，都是不具备的。由于对社会事务的复杂程度及在各种道德困境中人性可能受到的挤压与被扭曲，涉世未深的青年学生可能还难以理解，在教师向他们讲述历史上的奸臣恶徒、无良败类这些反面教材时，他们经常提出的一个疑问就是：“人会变得这么坏吗?”学生既缺乏对善恶的判断力，也缺乏足够的爱意和责任心去在实践行动中坚持“为善去恶”，甚至在很多时候出现两难选择时，都无法判断何者为善何者为恶，而这些都是他们需要向教师学习的原因，也揭示了他相对于教师的不平等。

因此在讨论中国古代的师生伦理关系时，应该注意到这中间其实至少包含了两个层面的内涵：在“求道同志”的人格假设层面上，师生双方是完全平等的，这是一种基于“未来可能性”的假设；而在现实中师生共同求“道”时，由于散布在日常生活中的“道”被复杂隐晦甚至相互对立冲突的现象所掩盖，而学生的直接生活阅历和间接经验见闻还都比较少，容易感到迷惑甚至误入歧途，这就需要老师依照大道正义，结合自己的生活智慧，给出具体的指导。如果老师本人仍然不能解决，他可能会去向自己的师长当面请教或者通过书信求问，甚至会追溯到最初的道德原则创立者，如假设至圣先师孔子遇到类似的伦理困境会如何应对解决。明代大儒王阳明的弟子，就曾经用“孔子会如何处理卫灵公死后其子蒯聩与国君卫出公争位”的假设历史情境，来请教自己的老师对这个伦理问题的判断意见。

二、天、地、君、亲、师与社会秩序的伦理建构

把“天地君亲师”这五个字合起来共同表达，现在一般认为是出自《荀子》一书，后代学者也围绕这五个字代表的伦理关系进行了多种发挥[①]，但其起源仍是一个在学术界没有定论的话题，很多学者不断为考证这五个字是从什么时候开始合用做出了研究努力，提出了多种观点。但总的来说，这五个字在中国社会的传播，以及对中国整个社会的影响，确实有悠久的历史。在某种意义上，这五个字几乎可以被认为是中国传统文化相较于世界上其他各国文化的特殊之处，具备独特的文化精神。

从“天地”二字来讲，其在古代中国文化的思想体系之内具有独特的位置和意义，因为古中国文明与世界上其他各民族创造的古文明相比

① 如明末著名学者朱舜水撰有《天地君亲师说》，尝试以“孝”为核心贯穿五者，收入：朱舜水．朱舜水集：卷十三．北京：中华书局，1981.

较，明显的一个特征就是没有创造出其他国家那样的“宗教”。自从西学东渐以来，这一本来并未凸显的问题逐渐受到关注之后，学者们对此给出了不同的看法。有的学者认为中国的确没有西方流行的一神教体系的宗教；有的学者认为中国历史上也有过宗教，只不过中国的这种宗教的形式和西方国家有所差异；也有的学者如梁漱溟，提出中国是“以道德代宗教”的“文化早熟”的国家。无论如何，中国是否有宗教，是一个可供长期思考的问题，我们在此所谈的“天地”二字，与其关系并不是十分密切。在中国传统文化看来，从直观认识的角度来看，人们头上是高大辽阔的天，人们脚下是广袤无垠的地，这是天然存在，并为人所共知的自然状态。与此相对应，从人类思维感知的角度来看，处理人与天、地的关系的方式也不尽相同：天在人们头顶，因而人们都尊崇天；地在人们脚下，因而人们都亲近地。而这种对天的尊崇，以及对地的亲近，推演到处理人与人的伦理关系的时候，也有一种出于直觉的对应。在人际关系中，人们在处理于公的关系中，采用了尊的原则；在处理于私的关系中，采用了亲的原则。如果公私可以各得其宜，兼顾得当，则既可以做到尊，也可以做到亲，那么就可以达到一种“和”的境界，人生中最大的幸福就在这种“和”得以达成。而西方宗教尤其是一神教以基督教为例，上帝的地位远远高于万物，是上帝创造了万物而不是万物推崇才产生上帝，尽管上帝具有崇高的地位，得到了人们的普遍尊崇，但由于在认识链条上的遥远距离，难以与人们真正亲近。从中世纪后期起，关于该如何认识上帝自身的存在以及它如何指导干预世间事务的问题，产生了很多争论，轻则导致争辩难和解、教派大分裂，重则引发异端裁判、国王诸侯之间战火纷争不断，与此相比，中国这种由“天地”导出的伦理精神，由于人与“天地”的心理距离并不遥远，传统王朝统治者也没有宣称自己掌握的某一套理论是对“天地”德性的唯一正确解释，除了那些直接预言王朝命运的“谶言”被禁止流传外，讨论天地造物和人间秩序都被限制在学术争辩范围内，并不会天然导向政治军事冲突。从言语思想和时间行动之间联系的紧密性上看，中西之间的差异是很明显的。

另外，中国自秦汉以来多数时期内主要文明区处于统一政权管辖之下，是一个地域广大、人口众多的大一统的国家。自黄帝、尧舜以来，史书记载的国家多数都有考古遗迹可以追踪佐证。根据著名历史学家王国维先生的观点，中国上古社会最重要的变革发生在“殷周之际”（《观堂集林·殷周制度论》），而周朝最先确立了内外有别和逐层授权的分封制，秦始皇灭六国之后变分封制为郡县制。如此四五千年绵延不绝的历史中，除了魏晋南北朝和五代十国等明显的大分裂时期，多数时期中国人都是共同尊奉单一的君主，《孟子·万章上》所谓“天无二日，民无二王”的观念深入人心。《荀子·王制》云“君者，善群也”，只有在一个群体之中，有大家共同尊奉的一个人或者共同理念，才能使这个群体逐渐凝聚团结、日渐壮大，并且长久发展、永不分散。古人说，“天生民而立之君”（《左传·襄公十四年》），也就是说，君是由臣民而确立的，在这个意义上，君民双方是一体的，这也就和天人一体是一样的。只有在群体中的人民，才能于公有所尊奉，于私有所亲近。人没有不是生于天而养于地的，对于每一个人而言，他的父母双亲也就是他的天和地。因而对应于天尊地卑，有父严母慈。有一些对此不甚明白的人有些疑问，因此认为中国传统文化是主张父尊母卑、男女不平等的。其实这是不了解尊卑本是一体，在尊之中也有亲，在亲之中也有尊。地虽然在人的脚下，但也和天同样受人尊重，天虽然居于人的头顶，但也和地同样受人亲近。一个家庭中同时具备父亲和母亲的角色，就好比在宇宙之中有天和地的存在。人是生存在天地之中的，因而知道尊天以及亲地，他也就和天地同为一体。相对的，子女在家庭中生活，他可以尊重父亲、亲近母亲，他也和父母是一体的。在这里面是从分别中看到一体，也能从一体中看到分别，天人仍然是属于一体的。

把中国人对“天地”的这一套认识，放到注重群体的社会生活中来观察，则可以发现群体中的每一个人，既有共同尊崇的单一的君主，也有各自孝敬亲爱的亲人。每一个人都有自己亲敬的父母，即使是在群体的社会生活层面有共同尊奉的君主，也不妨碍个人之爱。在这种伦理理念之下，不能因为于公要尊奉君主，而不亲近自己所爱之个体，也不能因为各人有自己所私爱，而不去尊奉一个共同的君主。一个国家，乃至天下的君主，这个形象和每一个家庭之中父母的形象相比，显然是要更为尊贵的。尊奉那些处于尊崇地位的人，亲近那些居于最近的血缘关系的人，这都是一体的，在这之中可以做到公私兼顾。在这种情况下，可显而易见地看到公私、群己之间的和谐，而并不存在纷争，并不存在古已有之的所谓“忠孝不能两全”的难题。

所以在中国传统的文化体系中，有四类伦理原则，即天道、地道、君道、父道，并且其实这四类原则都可以被同一个原则所统摄。这四类原则进一步提炼，其实就是处理个人和群体关系的原则：一方面，没有个人，就没有群体；另一方面，没有群体，个人也无从存在。处理个人和群体的关系又有由天地而来的两条原则：其一是尊，其二是亲。如果一个事物没有可被人尊敬之处，那它也必定不具备能为人所亲近的地方；相对的，如果一个事物没有可为人亲近之处，那它自然也不会被人所尊敬。一个人去尊敬、亲近外物，其实根源只在于他自己的内心，在于他内心中的天然情感。如果一个人没有这种信念，没有这种情感，那他会认为在他自己之外，没有任何应当被他尊敬、亲近的东西。但是这些应当被他尊敬、亲近的东西，并不在于他自身，而在于他之外，既在他人之中，也在群体之中、在社会之中、在天地之中、在那些可以被他认识但他没能认识的世间万物之中。作为一个人，不应当只有作为内的自我，而没有作为外的外物，他既应当培养自己的内心虔敬的信念和情感，又应当丰富自己对外物的认知。在这种内外合一结构之下的人，就可以说是领悟了人生之大道的人。

对于这种人生大道，我们从什么地方认识并且了解，如何宣扬传播，受怎样的教导，又受什么人的教导呢？这就是在“天地君亲师”中“师”的职能。古代的中国人把自己的孩子送去让其他长辈先贤教导，而受到教导培育的人，就自称为弟子。老师过世，弟子要心丧三年，当然也有像子贡这样尤其突出的，他为孔子守丧六年。从这之中我们就可以看到，对待老师，就像对待父亲一样。“作之君，作之师”（《尚书·周书·泰誓上》），也是强调老师相对于心智尚未成熟的、需要受教化的个体，具有相当重要的保护意义，因此上天除了树立作为政治秩序统率者的君主来保护民众生命安全外，还需要树立“师”这个阶层来进行精神上的保护和扶助。所以如果有成为他人老师的才能，也可以成为人君，但为君的人不一定能成为教导他人的师者。所以师道是高于君道的，道统要比法统，或者说比政统地位更高。就算是古代王朝的皇帝或者太子，他们也都有自己的老师。宋代王安石和程颐曾围绕帝师坐着讲学、皇帝站立听讲一事是否合于道理而展开过争论，可以反映出当时的皇帝也遵从师道。因而对待老师，也要像对待君主一样。所以谈到“尊”的传统，中国有尊君、尊父、尊师三类，并且老师可以兼具君主和父亲这两个身份的尊崇地位，但这两个身份不能兼有老师的尊崇地位。中国的师道创立于孔子，后世尊称孔子为“至圣先师”。自孔子以后 2 000 多年，中国的师道始终传习延续，2 000 多年以来受到中国人长期共同尊崇的只有孔子。尊孔的根源就是尊师，所以师道在中国文化中有很特殊的地位，这也是世界上其他民族所不具备的。

“天地君亲师”经由长期的演化，成为中国传统社会信仰崇拜体系的一部分，并且在很大程度上影响并塑造了中国人的社会伦理秩序。在日新月异的今天，它仍有宝贵的价值可供我们继承并转化。对天，我们要有敬畏之心，这主要表现在对自然的敬畏；对地，我们要有热爱之心，这主要表现在对环境的保护；对君这一已经消失了的，成为历史遗迹的形象，我们则转变为对祖国的热爱；对亲的敬爱，则要从小家小我中走向社会，面向整个文化传统；对师，就表现为重视个人学习以及文化教育。

天在中国传统文化中具备多重意蕴，我们这里谈到敬畏自然，就是选取了天的“自然之天”的维度。中国人自古以来就对自然持一种敬畏的态度，主要是因为他们在当时的技术条件之下，认为人的生存无法离开自然而存在，人的一切都获益于自然的恩赐。人们不但在物质上是天地孕育而来，并且在文化上、在文明上，天都是最应当受人尊崇的尊贵的权威。在中国的文化之外，自然也是一个具有普遍意义的概念，它明显是全人类不同文明的一个共同的信仰基点。从这个意义上谈我们现在要敬畏自然，更有一层消弭文化冲突、求同存异构建人类命运共同体的深远考虑。

地与天尽管经常在中国传统文化中并称，并且也都被人尊崇，但地与天的角色有一定差别。一般来讲，天生成万物，而地养育万物，对于人来说，地就是人类一切赖以生存以及发展的生态环境的总称。因此，处理人和地的关系，其实就是人处理和自己的生存环境的关系。人作为天地万物之灵长，显然比其他物种具有更高的价值，但中国自古以来的天人并不是相分的，因而人也不是一个只凭借自己意愿就向生态环境无限度索取的形象。中国传统文化认为：人一方面是万物之灵，具有价值上的优先性，另一方面也要承担相应的道德责任，因而儒家有明确的“节用”观念，这种观念的现代形式就是可持续发展的观念。这种观念并不是外在于人、需要人去刻意遵循的，而是自然与人相统一、相联系，是每一个人在道德层面以及精神层面的自主追求。

在“天地君亲师”中，从传统到现代社会观念的转型过程里变化最大的就是君的形象，古代语境中所说的君，在现代社会其实已经消失了，但尊君的思想如果经过合适的批判转化，仍有一定的现代意义。在中国传统文化中，对于如何事君，各家观点不一，有像法家这样强调臣下僚属对君主权威以及君主个人意志绝对服从的观点，也有像儒家这样尽管谈尊君，但是加诸多种条件予以限制的观点。以现代政治伦理的观点来看，儒家思想显然更具合理性。像“君使臣以礼，臣事君以忠”(《论语・八佾》)、“君之视臣如手足，则臣视君如腹心；君之视臣如犬马，则臣视君如国人；君之视臣如土芥，则臣视君如寇雠”(《孟子・离娄下》) 这样的论述，都在强调这种君臣双向的伦理关系。这也揭示出了儒家的尊君思想的一大前提，即君主对待臣属如果不依礼而行，不履行自己的义务，那么臣子完全没有尊重君主的必要。而这一前提的根源是很深刻的，来源于儒家坚持的民本立场。君主本身只是民众信念、利益的代言人，如果君主执掌权柄为所欲为，违背了人民的意愿，那么他其实就是在危害国家和人民。由此，儒家所说的对君主的尊重，其实本质上是对民众的尊重，同时也可以以尊重国家这一具体的形式为表现。尊重的背后，更是一种热爱，经过了现代转化的尊君思想，成为热爱祖国的思想的一部分是符合逻辑的。热爱祖国又有丰富的内容，不但要热爱生养我们的这片热土，还要热爱共同生活环境中的同胞，此外，在思想上还要热爱我们历史悠久、绵延至今的文化传统。

亲亲的这一传统，无论是不是以孝为形式，其今天仍是被每一个中国人所坚守的。如果要推进对其的理解，在这两个“亲”字上重新诠释，就是一个必要的过程。所谓亲，可以不仅仅指父母以及祖先这一血缘亲属，还可以同时指在生命延续传统之外的文化传承传统。因为父母以及祖先，不仅仅创造了后代的物质生命，而且也是以往的文化传统的传承者和创造者。而且亲相对应的不只是对父母的亲近，也可以指对我们国家，乃至整个人类文明的尊崇以及敬重。“三年无改于父之道，可谓孝矣”（《论语·学而》），这其中其实就已经蕴含了对文化传统的尊重，以及延续文化传统的必要性，并且明确了这是作为合格的后人的一项使命。继承和延续，并非原样照搬传统，成为文化上的保守主义甚至是复古主义，而是在延续先人传统的基础之上继续完善其文化。

至于师道这一传统，我们常谈的是尊师重道以及师道尊严这两个词语。尊师自然是和之前的尊天、尊君、尊父一样，但其与重道是什么关系呢？应该说，重道是尊师的理论基础，换言之，正是因为重道，尊师才在道理上立得住脚。生而知之的人是极少数的，大多数人都是在老师的教授、教诲、教育之下，一步步学习掌握具体的知识技能，领会为人处世的准则和道理。其实在这里尊师的意义已经远不只尊重老师个人或者师者这一形象，而是通过尊重传授人间大道的老师的形式来表现对道的尊重，即韩愈在《师说》中提到的“道之所存，师之所存也”。既然尊师的根源在于重道，那么重视对道的学习发展、对道的教育传授就是自然之理了。而师道尊严的意义则在于强调老师地位的崇高，以及学生对于老师应当采取的态度。老师一定是一个庄重甚至是威严的形象，因为他承担的是传承人类文明的重任。而学生对老师的尊重敬爱，则是文明得以传承的条件。“师严然后道尊，道尊然后民知敬学”（《礼记·学记》）。道本身是否受人尊崇，本身并不取决于师者是否严厉，但是师者的尊严得以保障，建立起一套庄重的仪式，是有利于道获得人们的尊重的。

三、中国古代社会伦理的“感通”倾向及其利弊

关于中国古代社会伦理依靠“天地君亲师”五个主要的“秩序支撑点”而展开的基本逻辑，上文已经做了比较充分的展开，但关于这些支撑点之间依靠什么力量联系起来，进而能够彼此联结而共同起作用，还需要有特别的说明，这里要涉及一个重要概念“感通”。

“感通”本来出自儒家的《易传》：“《易》无思也，无为也，寂然不动，感而遂通天下之故。非天下之至神，其孰能与于此!”（《易传·系辞上·第十章》）大意是说：圣人深刻地研究了自然万物和人类社会及精神思维的种种变化情态，因此能够领会和预测世间种种“变”“数”“文”“象”，而且这一领会理解和推演预测过程并不需要劳顿身体去逐一思考和勘察对比，而只需要“寂然不动”地利用自身感的功能，就能通达万物之理。掌握了这种“感而遂通”之道的圣人，当然有能力就社会秩序构建问题做出同样的感通和设计。如果处在“天地君亲师”精神秩序体系内的人类共同体成员能认识到各自的位置和责任，并且能够各司其职，那么这个体系的运转就是上下井然、严密有序的：君主负责感受通达天地的意志，首先，他要代表自己的家族向上天证明自己的合法性，包括通过武力实现改朝换代之后，在文化符号象征方面也要“改正朔，易服色”以顺应“天意”，遇到吉祥的天象要庆贺，遇到天灾则要调整政策、赦免罪犯甚至下诏“罪己”；其次，在和大地“感通”时，则体现在对“社稷”安定的维护和对祭祀典礼制度的持续落实，其中最重要的一方面就是让臣下和黎民感受到“天覆地载”的安全感，而这种经由“感通”护佑百姓的功能，是由君主统领的官吏集团共同承担的。

“感通”这一功能，经春秋战国到汉魏隋唐历代学者的传承阐发，在宋代学者陆九渊那里有了更明确的表达，并且这种能力超出了某种特定的国别和文化区域范围，扩大到传统中国人时空认知系统的边界，正

所谓“千百世之上有圣人出焉，此心同也，此理同也；千百世之下有圣人出焉，此心同也，此理同也”①。既然人掌握了“理”之后能够突破地理空间和时间的限制，那么外貌、语言、饮食习惯、服饰等表面上的文化差异就不是问题，“天地君亲师”的秩序框架可以推广到原来不属于汉族文化的区域，而且确实有不少坚守儒家信念的官员出任边疆地区基层长官后，在安定了地方秩序之初即致力于开办教化事业，教导原来生活条件艰苦、文化落后的族群逐步识字读书，这种“化民成俗”的积极行为也往往会得到朝廷正史和地方志书的称赞与鼓励。用人人皆有的“感通”潜力来打破地域和文化界限，推行对同一种社会秩序框架的信任和接受，极大提高了伦理观念传播灌输的效率，这使传统的“感通”理论似乎具有了几分“现代性”。

不过需要指出的是，由于传统中国社会伦理的这种打破边界的“感通”倾向被普遍承认和接受，在很多方面权利和义务的界限也模糊了。尽管我们可以笼统地说“圣人自有方寸”或“贤者自能理会处分”，但对于大部分只掌握了初级生活技能且不识字的农民来说，对自身个体权利和社会义务边界的认识，只能极大地依赖于他熟悉的乡村熟人社会为他提供的有限教导和礼仪参照。于是就出现了20世纪以来一些知识分子批评的“国民权利意识淡漠”，因为私人权利意识的确立首先意味着对“自我”和“他者”边界的确认，哪些属于“我”，哪些属于他人，都需要有明确的认识边界；这对于经历过罗马法体制熏陶和近代封建权利法案约束的欧洲近代市民阶层来说，并不是很困难，因为他们有众多的历史法律条文和契约文书等作为辅助工具，可以比较清晰地划定哪些财产属于“我”，哪些属于“我”的家人。“我”可以使用哪些不能使用哪些财物，法律和契约有具体的说明，前辈依照这些法律和契约形成的习惯法规也可以供参考，普通农民即使自己不懂文书含义，也可以请识字的神父或者律师代为申明，并在法庭上主张个人权利；而在古代中国的社会伦理语境中，财产在公共生活中并不居于主导地位，儒家主张“君子

---

① 杨简．象山先生行状//陆九渊．陆九渊集：卷三十三．北京：中华书局，1980：388.

喻于义，小人喻于利”（《论语·里仁》），如果某人在公共场合斤斤计较自己的个人财产得失，会首先在道德上低人一等，于是个人权利意识最重要的基础——财产主张权，便在这种特殊的伦理语境中受到压制；代之而起的是具有某种道德优越性的“大同”意识，那种能够体会到他人困难，并且慷慨无私、“急公好义”地把自己的财物分给匮乏者渡过难关的人，才能在道德上居于制高点，并得到当时和后代的舆论称赞。而这种对他人难处的体察，很多时候就要依赖个体的“感通”能力，这种能力指导或者暗示在宗族或者熟人社会关系圈中经济比较富裕、政治地位较高者，跨越私人权利的界限，主动承担起公共领域救弱助残、扶贫济困的职责。安排物资周济扶助有困难的社会个体，是今天人们熟悉的社会公共服务的基本内容。一般情况下，上述公共职责应该由政府部门承担，但在古代中国社会，由于统治地域广袤的传统王朝实际监管控制能力有限，在很多历史时期存在着“皇权不下县”的现实情况，这一职能则往往由能力较强的地方社会领袖组织承担。

如上文所述，“感通”有利的一面在于其能唤起群体成员的公共服务和社会回馈意识，通过道德激励的方式鼓励社会成员互助；不利的一面是由于一部分社会成员在熟悉这种伦理规则后，会变得懒惰、依赖这种机制带来的福利，甚至把富有者对自己的付出视为理所当然，进而发展成为一种畸形的嫉妒心理，认为只有大家都做到财富平均才是合理的。这种心理甚至被欧美文化观察人士总结为“东方式的嫉妒”，是在他们眼里古代东方社会民众破坏群体团结、阻挠社会进步的重要伦理缺陷之一，而这种不符合近代理性主义伦理关系的特殊形态，在中文语境里经常与“面子”这个特殊词汇紧密关联。

四、从“面子”问题看中国社会伦理的特殊性

对于很多外国友人来说，与中国人进行日常交往时比较难理解的关

键概念，除了上一章讲到的“关系”外，还有一个随处可听到却难以把握的特色词汇“面子”。“面子”是一个综合了众多社会伦理关系意味的综合词汇，尽管其起源可能早到1 000多年前的唐朝晚期①，但大量起作用是在明清以后，并且盛行于北方地区②。具体说来，“面子”的内涵可以大致界定为：“要顾及某人在特定社交群体内的荣誉地位及其影响力，由此根据实际情形给予其一定的优待或让步。”这种解释和欧洲文化历史上贵族与骑士阶层重视“荣誉”的传统有几分重合，同时也包含了某人因其阶层身份而具有的社会影响力因素。不过相比之下，“荣誉”更侧重对拥有荣誉者自身的约束力，如果觉得自己本人或者家族的名声受到了侮辱或轻视，某个贵族或骑士常常要为了维护自身的荣誉而与人决斗，甚至不惜财力发动战争，这种约束力主要是向内的；相比之下，“面子”在社会关系中使用时情况要复杂得多，有对自身荣誉地位的，如“给我个面子”主要是希望对方能顾及自己的身份地位或者双方的交情信任，满足自己的某项要求，在这一层次上“面子”和“荣誉”有几分重合，但如果沦落到“您赏个脸如何如何”，则就失掉了欧洲的“荣誉”一词经常具有的个人尊严的内涵，变得卑下讨好充满谄媚；“给某某人（往往是有权势或有声望者）一个面子”，则是说话双方都意识到不在场的第三者的影响力，主要顾及的是其面向第三方的外向性或者说是面子的“公共社交功能”。

“面子”之所以能够在中国人的日常社交中起到重要作用，与中国人在日常交往中特别强调的两个原则密切相关，也就是“和为贵”与“己所不欲，勿施于人”。中国社会因为倡导“和”的哲学，要求人们处

---

① 据笔者考证，传世文献中较早使用“面子”一词且和今天内涵接近的是五代时期编纂成书的《旧唐书》。《旧唐书·列传·卷一百二十九》里记载唐末著名宦官杨复恭和张濬对话时说：“相公握禁兵，拥大蒐，独当一面，不领复恭意作面子耶！”而张濬拒绝杨复恭时也说：“贼平之后，方见面子。”可见主客双方对于“面子”的内涵有基于当时文化氛围的共识。

② 关于“面子”在中国北方地区较为盛行的情况，可以参考清朝中期杭州文人翟灏的记录，他在自己编纂的文字训诂著作中，考证“面子”这一俗语来源时也引用了上述《旧唐书·列传·卷一百二十九》的资料，并且在后面加了一条按语说：“此即今北方人所谓‘做脸儿’”，参见：翟灏．通俗编：卷十六．北京：中华书局，2013：212．当代研究可参考：黄光国．人情与面子：中国人的权力游戏．北京：中国人民大学出版社，2010．

理社会关系时，要充分考虑到涉事的另一方或者其余几方的立场，要充分利用上文所说的“感通”能力去体会对方的各种需求，其中当然首先包括对方的人格尊严，即使自身处在有利的位置，也要给对方台阶下，让双方“都有面子”。这种思路有时能够化解一些严重的政治困窘，体现出高超的政治智慧。典型故事如春秋早期郑国发生的郑庄公“掘地见母”：郑庄公因为出生时难产惊吓到其母武姜，母亲由此宠爱幼弟共叔段，并密谋帮助共叔段篡位，最终酿成郑国内乱，郑庄公君位几乎不保。郑庄公由此十分痛恨武姜，曾经在大臣面前公开发誓自己和母亲“不至黄泉，毋相见也”《史记·郑世家》。但是内乱平息后，出于国内礼仪祭祀和政治稳定的需要，很多时候郑庄公又不得不请母亲出面，但如果母子相见就是违背了自己作为君主的誓言，不见面则对现实政治有害无益。这时郑国的贤臣颍考叔给庄公出了个主意，即可以在地下挖掘一条深及“黄泉”（浅层地下水）的隧道，然后安排郑庄公母子在隧道中见面，这样看起来郑庄公并没有违背自己的誓言，也满足了郑国现实政治的需要，这就是一种双方都有“面子”的解决方案。类似的方法还常见于交战双方在停战后，获胜一方常常为了体现自己的宽宏大量，故意不在靠近对方国都或者大城市的近郊缔结“城下之盟”，而是许诺退兵多少里甚至退到边境之后，再由双方国君各自派出使节，来进行一场看似是“日常平等外交”的结盟仪式，这样给居于弱势地位的国君及其将领都留下了“面子”，以免他们因为战败屈辱而难以维持自身政治地位。

上面所举的例子都是“面子”在古代政治领域的表现，其实在日常社会生活中，中国古人更是本着“和为贵”的原则，在处理亲情、友情、经济来往、异族交往等社会关系时，充分考虑到自身和对方的“面子”，做出一些重要的制度设计，有时甚至要付出明显的利益牺牲以维持某种“面子”。在崇尚理性的近现代欧洲人士看来，这种为了维持“面子”却牺牲现实利益和效率的行为，显然是荒谬和“前近代”的，无法从理性计算的角度理解。清末民国以来，也有不少中国知识分子著书立论，针对传统社会里为了维持“面子”而产生的虚浮浪费和压抑人性的弊病进行了辛辣讽刺，产生了一些堪称经典的文学人物形象，其代表之一就是鲁迅先生笔下的阿Q，明明是他自己挨了打，却还要用自创的“精神胜利法”来自我安慰，辩称自己不过是“被儿子打了”，似乎这样就能维持自己的“面子”；如果有人比较客气地称他为“Q哥”或“老Q”，他便获得了一种意外的满足，不用多说这当然是他觉得自己的“面子”受到了特殊照顾。姑且不论这里的阿Q形象是否影射当时的某些政治人物或者一般心理自卑的百姓，单是其中生动描绘的“面子”心理，就可以说是对中国社会伦理中一个特殊侧面的生动写照。在现代中国人的日常社会交往中，“顾及面子”仍然是支配着很多伦理现象的深层根基，也是我们考察中国社会伦理时需要特别注意的地方。

五、传统师生、朋友之道的现代意义

进入近代以来的西方世界，随着“人的发现”和“世界的发现”，基督教旧有的神学权威逐渐衰落，而对西方近代教育影响深刻的各级教会，也逐渐从学校教育中退场。在分工明确、技术标准严格的现代工业社会中，教育本身则成为一种单纯传播知识以及训练专业技能的行业。一般也只在中小学基础教育和部分大学里的“通识教育”中，还保留了一些把人教育训导成为合格公民的教育项目。而主流“技能训练式”教育的目的，已经和此前教育是“为了使人明白人何以为人”的宗旨脱节了。在这种情况下，人自身的精神完整性其实也被近代以来的职业分途的观念所割裂，于是有了科学家、企业家、军事家、银行家等明确的分类。这其中每一种职业，只要是在相关知识或技能方面表现优秀的人，都可以自成一“家”，人们关注的首先是他的技能成就而非道德完整状况。在这种结构之下，似乎不是因人生有不同志趣和不同道路而有了职业，而是为了从事某一个职业才有了不同的人生。因此整个人生全部成为一种功利的、物质的人生。德性这一概念，在各个职业中似乎已经不为人所重视。即使是在教师这一职业中，一些大学和科研机构评价教师，也多是以对知识以及教学技能的掌握程度来区分优劣，只要不触犯法律，就无所谓教师的德性如何。在这种背景之下，中国传统的师生之道的特殊理想和精神，确实有重申以及再次提倡的必要，尤其是要与教师的职业道德结合起来，以期能对当前受到市场经济的商品交易观念冲击而趋于衰弱的“师道”有所补救和匡正。

具体说来，中国传统的“师道”首先将教师自身的终极发展目标设置为精神性的，教师和学生一样都只是求道途中的先后旅人，教师的目标不是为了发财扬名，不是用自己的物质财富成就在职业市场上进行横向对比，并以此在学生面前炫耀，而是要关注自己在学生群体里的道德评价和“生前身后名”。教师群体在彼此交流来往时，更为关注的应是对方的德业进修状况，而不是发财获利的物质成就。而在中国当下的社会评价体系中，“师道”之所以受到贬低和质疑，一方面是因为 20 世纪中国发生的一系列社会政治运动对传统文化整体的质疑和冲击，使“覆巢之下无完卵”，作为传统伦理道德一部分的“师道”也随之受到严重冲击；另一方面是因为改革开放后一个时期，由于社会舆论过度抬高市场经济中交易通货的威力，在主要行业中以货币收入评价社会成就高低，民间意识一度推崇“一切向钱看”，衍生出“研究导弹不如卖茶叶蛋”等流俗意见，尽管未必符合当时现实，但反映出人们对分配体制中不重视智力成果的讥讽。

进入 21 世纪后，随着中国政府对科学技术发明的持续重视和知识经济自身的财富创造力的示范效应，多数中国人开始重新承认教师职业的重要性，但遗憾的是不少人仍然选择用市场经济的“交易思维”来理解教育过程，认为足够的经济投入“必然”会产出优质的教育成果，这就歪曲了教育的本质。传统的师生之道看似朴实无华，实际上却突出了教育本质在于“精神品格的塑造养成”这一主线，从古至今的学校道德教育，在很多时候都要求学生训练自己克制并减少过度的欲望，如传统蒙学作品《千字文》提倡所谓的“克念作圣”。而现代商品经济所追求的繁多的感官满足，恰恰会对道德培养过程形成诱惑和干扰。从这个角度看来，中国传统师生之道中教师教导学生和教师修养自身品格的“减法思维”，对于当前同样深受“数字等价交易理念”困扰的中国和世界教育，都有相当深刻的启迪作用。

相比于师生之道，从传统中国到现代中国，朋友之道在内容上变化是很小的，古代人也和现代人有最多共鸣，在某种程度上能达成一种“了解之同情”，朋友之间这种伦理关系在清末民初时甚至被谭嗣同等人称赞为“旧伦理中惟一值得保留者”。从这些革命先驱的倡导到现代中国又已经过了100多年，朋友之道在当下中国普通人的伦理生活中仍然起着重要的作用，如某些人做事太过计较功利或者对朋友该尽的责任没尽到，就会被双方都认识的熟人评论为“不够朋友”，进而影响他以后的社会交往。

社会经济的发展并不意味着“友道”的持续繁荣，相对于清末民国时期内容比较具体的“友道”，当下中国丰富的社会生活给予了朋友之道更多的内涵，也产生了一些看起来彼此冲突的“友道伦理”（如参与传销组织的人往往被迫或主动地发展身边的朋友为“下线”，甚至以“还是朋友就帮我一起发财”作为要挟，实际上是在误用和滥用友情）。总体来说，现代中国的朋友交往方式要比古代复杂丰富得多，其中的一些以朋友之名进行的交往方式还存在较大的风险，传统友道伦理以“道义砥砺”“德业相劝”等若干条简单正面的激励规则来指导朋友相处，显然已经很不够，不过也还有一些重要的思想遗产值得今人发掘与合理继承。

具体到表达朋友感情的文学创作方面，中国古代友人之间的送别诗，在文学史上数量巨大且占据着重要地位，涌现了无数千古名句。例如，王维的“劝君更尽一杯酒，西出阳关无故人”、王勃的“海内存知己，天涯若比邻”、李白的“桃花潭水深千尺，不及汪伦送我情”等情深意重的送别诗，打动了无数中国古人的内心。我们即使不去深入挖掘朋友之道的理论根底，也能切身体会到这种关系之中蕴含的深厚情感。相较于稳定的伦理情感，朋友之道的现代意义更多体现在其表现形式的变化。古人用以维系朋友之道、表达朋友之情的很多方式，在我们今天已经不再通用，而随着时代的发展，当代中国人也有了在数量上远胜于古人的交友方式（从电话、电子邮件过渡到手机、QQ、微博、微信等），对朋友之道的阐发形式也完全超越了古人的想象。不过正如上文讨论师生之道的古今变迁时所指出的那样，技术手段的便利丰富，有时对人类自身心灵感受能力和诚实信任的建立反倒会起负面干扰作用（如现代中国以“网络交友”的名义进行的诈骗层出不穷）。传统的朋友之道由于技术屏障，反倒更加容易塑造直接的信任，中国古代文学作品里经常描写某两位朋友“定交”之后终生不渝，能感受到对方的生死存亡，并不惜牺牲自身以保全朋友及其家庭。这样的做法在现代社会或许难以复制，但其中映射出的“友道”的精神价值，在现代中国饱受侵蚀的朋友关系的现状下，仍然具有极高的道德参考价值。

师生之道和朋友之道在古代社会有一个综合的称呼是“师友之道”，在古代典籍中也经常可以见到某两人的关系是“亦师亦友”“师友之间”，这说明从社会秩序总体建构的角度来看，师和友对于社会共同体成员的社会化训练和人格成长所起的作用，有某种相似性。从家庭角度来看，教师培养学生就像父母培养子女，而朋友之间相互切磋琢磨、砥砺成长，就和兄弟姐妹之间彼此帮助扶持一样，在传统中国的大家族聚居时代，很多时候家庭中的教师就是由父辈担任，非直系血缘的表亲同辈之间也可成为朋友。不过在核心家庭规模日益缩小、流动性大大增强的现代“陌生人社会”，师生关系和朋友关系都离血缘关系远了很多，直接表现为知识经验传授关系和共同体成员理解互助关系。其实这对于任何一个想要进入社会共同体生活的成员来说，都需要通过“师”来了解社会规则并实践遵守，也都需要“友”的理解支持来实现合作协同。传统师友之道的基本规则，在现代社会仍然发挥着重要的基础作用。

第 4 章

仁义忠正——中国古代的政治伦理

4

仁义忠正
——中国古代的政治伦理

中国古代伦理秩序的塑造无论在家族中、社群里，还是在政治领域都需要从个体道德培养入手，植根于修身中。轴心时代的孔子率先对传统的政治伦理进行创造性改造和重新解释，以修身作为塑造伦理秩序、政治秩序的基础。在当时新旧交替的历史背景下，由有识之士倡导并实践的一种文化上的更新和转化，为后来中国政治礼治和德治奠定了理论基础，这对于我们今天理解中国古代政治伦理依然具有重要的价值和意义。

一、“政者，正也”——儒家政治伦理的根基

西周初年由周公主导建立的礼乐符号体系，主要用于规范“君子”行为，在有效推行了大约300年后，显示出与“蛮夷猾夏”（《尚书·虞书·舜典》）、纲纪松弛的新时代特征不大适应的弊端。从《春秋》记载的鲁隐公时代开始，周代礼乐体系就逐渐崩塌损毁，失去了对贵族和平民阶层的普遍约束力。例如，据《左传》记载：春秋初期的强国郑国在郑庄公执政时与周天子发生武装冲突，郑国大臣祝聃用弓箭射中周天子，使其带伤逃命，事后竟然没有受到任何实质性惩罚；郑庄公杀死了自己的亲弟弟共叔段，不见天子斥责，诸侯国也无人干涉；各阶层失去了维系秩序存在的精神伦理指引，此后周室近亲郑国和鲁国发生多次国君遭逐遇弑、兄弟争位内讧、叔侄争权相残、贵族亲戚彼此仇杀的事件，用后来孟子的总结是“臣弑其君者有之，子弑其父者有之”（《孟子·滕文公下》），而导致这些大乱的祸端，恰在于统治集团自上而下的“修身不谨”和礼制废弛。起源于周王朝礼仪官员的儒家，结合自身的专业特长，提出了以修身归仁为旗帜、以“克己复礼”为目标的新伦理秩序论。

孔子虽然力倡“克己复礼”，强调重建礼乐教化体系的重要性，但在当时他并未能在重建秩序方面有特别突出的系统贡献，他的实际成就

还是通过“有教无类”的普及教育实践，培养出了一批以“仁”修身的弟子，以“至圣先师”的身份垂名后世。同时，孔子带领弟子对古代经典《诗》《书》《易》等进行重新解读发挥，通过讲授、论辩、练习形成孔门传授系统，为后来新时代的秩序奠定了精神基础。春秋末期的乱世纷争不已，孔门师徒虽然在诸侯国之间汲汲奔走，希望能有君主采纳自己的建设方案，在多次得不到信任而碰壁时，有“累然如丧家之狗”（《孔子家语·困誓》）的失落感。从原理推演上来看，孔子“正名”的政治理论确实有其说服力，但是从“修身”发端的系统理论，对于急切扩张或自保的列国君王来说，实际操作存在巨大困难。以孔子长期生活的鲁国为例，鲁哀公曾多次向孔子“问政”，具体记载见于今本《论语》和《礼记》，即使面对在春秋末期国势已趋于衰微的鲁国君主，孔子也满怀希望地做了严肃回答，比较集中而系统地阐述了以“修身”为出发点的政治伦理建设纲领。

在《礼记·中庸》中，孔子集中阐述了以修身为本的政治观，对家族邦国政治秩序的伦理基础做出了新的解释：

> 哀公问政。子曰：“文武之政，布在方策。其人存，则其政举；其人亡，则其政息。人道敏政，地道敏树。夫政也者，蒲卢也。故为政在人，取人以身，修身以道，修道以仁。仁者，人也，亲亲为大。义者，宜也，尊贤为大。亲亲之杀，尊贤之等，礼所生也。在下位不获乎上，民不可得而治矣！故君子不可以不修身。思修身，不可以不事亲；思事亲，不可以不知人；思知人，不可以不知天。”

根据上文概括出来的成语“人存政举”“人亡政息”，在 20 世纪一个时期内，曾被认为是中国古代“人治”的象征性表达而受到批判。但“为政在人，取人以身，修身以道，修道以仁”这样一套完整的政治伦理设计，即使放在现代政治体制下，仍然是言之成理的政治理论，其内在逻辑与种种重视“公民教育”和“社会资本建设”的理论多有相通之处。而且该理论如果得到适宜的理解与转化运用，很可能还会是行之有效的。

具体到对上面所引用文句的理解，还需要进一步厘清“夫政也者，蒲卢也”这句暗喻式政治定义的具体内涵。朱熹和沈括等宋代学者认为“蒲卢”就是芦苇[①]，孔子用芦苇来比喻政事，是取芦苇易于生长的意思，想说只要得到正确的人才辅助，政治措施就可以很快铺展实施，这与上一句“人道敏政，地道敏树”确实可以衔接得上。此前汉儒郑玄将“蒲卢”训诂为“蜾蠃”即土蜂，认为上句的“人道敏政，地道敏树”的重点在于优良的政治治理对百姓的庇护作用，这点与古人误以为蜾蠃把螟蛉当成“义子”抚养有相似之处，但后半句讲不通，因为土地并不需要树木的特别“保护”。下句的重点转移到了人才对政治重要性的强调，前面的逻辑确实应该是：相对于“得人”（《孔子家语·哀公问政》中的表达是“为政在于得人”），具体政治措施的推行确实是相对容易的事情，治人的途径是努力施政，种地的途径是勤劳耕种。政事就像芦苇那样，易于生长也易于被破坏。如何避免好的政治传统被轻易破坏呢？“为政在人”，用今天的语言来说，就是需要高素质的共同体成员，即“好公民”之间的良好协作来维持。

选取人才要看他的整体伦理素质，这里的“身”是一个综合概念，不能简单理解为今天语境里的身体，而更像是一个“身-心-体”、经验感受与理性思虑并重的多内涵指称。“取人以身，修身以道”直接指明了修身的要求和方向。修身和事亲、知人、知天是一个“认知-体悟-践行”的连续体，通过日常的自我反省与德性磨砺，身心系统都渐渐朝着符合“仁”的方向进阶。既然修道要以“仁”为依归，那么“仁”是什么？据有关学者统计：今本《论语》中“仁”一共出现了100多次[②]，如果是气质品类不同的弟子在不同情境下“问仁”，孔子的回答不是千

---

① 朱熹在《四书章句集注》中注释：夫，音扶。敏，速也。蒲卢，沈括以为蒲苇是也。以人立政，犹以地种树，其成速矣，而蒲苇又易生之物，其成尤速也。言人存政举，其易如此。参见：朱熹. 四书章句集注. 北京：中华书局，2011：29.

② 此处统计系根据今人杨伯峻《论语译注》所得，今本《论语》20篇是在汉武帝之后才逐渐确定下来的，此前并行的有《齐论语》《鲁论语》和《古论语》3种，20世纪70年代又出土了定州汉墓竹简版本的《论语》，这些不同版本的《论语》在篇章名称、先后次序、具体文句方面均有差异。故此处及下文提到《论语》中谈及某个字词概念出现多少次，注重其相对意义（如相对于“仁”的100多次，“义”在今本《论语》中只出现了24次），而并不拘泥于准确字数频率。

篇一律的简单抽象概念。他在此处的回答“仁者，人也，亲亲为大”，就是指仁道要先从自己身边的亲人开始；但是社会并不是一个血统相同的大家庭，因此还是需要一些远近不同的差异区分，“亲亲之杀，尊贤之等，礼所生也”。以上就是对有无血缘关系这两类不同社会关系的处理原则。

社会成员并不仅是由有血缘关系的各种内外亲属组成，而且包括出于职业分工或事业合作而联结在一起的“陌生人”，需要在“亲亲”之外另设立“尊贤”，即能力优先的原则。《中庸》的作者子思活动的年代已是战国初期，据时代稍晚的墨子描述的当时的形势，是“今天下好战之国，齐、晋、楚、越”（《墨子·非攻下》），而这些国家的强盛，多数缘于有实际谋略才能的贤人和文武大臣。子思对“得贤则昌”的历史现实当然会有认识，在转述孔子言论时，他也是把事关邦国生存的“尊贤”放在“亲亲”前面，其余的六类社会关系“大臣”“群臣”“庶民”“百工”“远人”“诸侯”，也是以“陌生人”为主，此时提出以修身为主的新施政纲领，与智、仁、勇“三达德”相配合，可以说将“修身—齐家—治国”的简单两阶段政治伦理模型，转换成了更为复杂的“三基础九原则”模型：

> 子曰：“好学近乎知，力行近乎仁，知耻近乎勇。知斯三者，则知所以修身；知所以修身，则知所以治人；知所以治人，则知所以治天下国家矣。凡为天下国家有九经，曰：修身也，尊贤也，亲亲也，敬大臣也，体群臣也，子庶民也，来百工也，柔远人也，怀诸侯也。修身则道立，尊贤则不惑，亲亲则诸父昆弟不怨，敬大臣则不眩，体群臣则士之报礼重，子庶民则百姓劝，来百工则财用足，柔远人则四方归之，怀诸侯则天下畏之。”（《礼记·中庸》）

修身是“九经”这一治国理政大法的基石和出发点，因为它和“道”的确立紧密相连，普通人如果按照“道”的原则修养，可以做到智慧灵活、应变不穷，像鲁哀公这样的君主，通过修身确立“道”的指导地位后，就知道如何“治人”，也就是知道下文所说的如何尊贤、亲亲、敬大臣、体群臣、子庶民、来百工、柔远人。君主的修身被赋予了更多的意义，乃是因为他在整个宗法政治体系中居于主导地位。君主通过以修身为基础的“九经”施政，就能使邦国有道。尊敬重用贤人，就不会被奸佞大臣挑唆迷惑，君主的亲族就不会心生怨恨，敬重大臣就不会被错误意见迷惑，体恤群臣需求就会得到士大夫尽心竭力的效忠回报，爱民如子就会使老百姓勤勉劳作，招纳才智工匠就会使国家财用充足，优待远方部族就会有人来归顺，安抚诸侯就会使整个天下都敬畏顺服。治理天下国家的这些原则，又都有各自的实现方式：

齐明盛服，非礼不动，所以修身也。(《礼记·中庸》)

这句话的意思是像斋戒那样静心虔诚，穿着庄重整齐的礼服，不符合礼仪规范的事情坚决不去做。相对于后面的“去谗远色，贱货而贵德”“官盛任使”“忠信重禄”“时使薄敛”“日省月试，既廪称事”等具体行动指南，修身的要求看上去似乎最简单，实际上却也最难，因为在静心澄虑、明礼自省的情境下，个体面对的就是自己内心随时可能越界泛滥的欲望，在上位者一旦任由私欲膨胀，带给普通百姓的后果就可能是灾难性的。到了孟子的时代，形势就已经到了“争地以战，杀人盈野；争城以战，杀人盈城”(《孟子·离娄上》)的残酷境地，孟子提出的修养原则，仍然是从“求放心”出发，让人们寻回自己放失在外、变得逐利贪婪的本心，如果像梁惠王、齐宣王这样的大国君主能够“以不忍人之心，行不忍人之政”(《孟子·公孙丑上》)，则平民百姓的生活状况可以得到极大的改善。从君主的内心发掘出让他们修身为善的可能性，从而使整个政治共同体向良性方向发展，这几乎是那个时代最有可能成功的政治设计之一。因为起码这种方案在政治上是光明正大的，是各大国君主可以理直气壮地在大国之间宣扬自身“道义优势”的“国际政治正确”，大国君臣虽然可能在心底轻视讥讽其迂腐空洞不切实用，但在表面上往往倾向于接受这种仁政理论，作为自身形象点缀。孟子在各国君主处受到的待遇也要比孔子好得多，就是这种“理论工具价值”的证明之一。不过在《中庸》里，子思所转述的孔子言论里也已经谈到了“诚身有道”的问题：

在下位不获乎上，民不可得而治矣。获乎上有道，不信乎朋友，不获乎上矣；信乎朋友有道，不顺乎亲，不信乎朋友矣；顺乎亲有道，反诸身不诚，不顺乎亲矣；诚身有道，不明乎善，不诚乎身矣。

诚者，天之道也；诚之者，人之道也。诚者不勉而中，不思而得，从容中道，圣人也。诚之者，择善而固执之者也。

在下位的臣子如果得不到居于上位的君主的信任，就无法治理好民众。得到上级信任有一定的原则，即得不到朋友的信任，也就得不到上级的信任；得到朋友的信任也同样有原则，即不能让父母顺心，就无法获得朋友的信任；让父母顺心的原则，即要“反身而诚”，反省自己对待父母是否真诚，若反省自己不够真诚，就不能让父母顺心。而使自己真诚也有自己的原则，即要明白善是什么，如果不明白什么是善，就不能够使自己真诚。身心自然真诚，是上天的原则；行为追求真诚，是做人的原则。天生真诚的人，不用勉强就能做到，不用思考就能拥有，从容淡定就能符合中庸之道，这是圣人的境界；努力做到行为真诚的人，就是选好善的目标并且坚持不懈去追求它的贤者。孔子曾经多次称赞自己的弟子颜回：“回之为人也，择乎中庸，得一善，则拳拳服膺而弗失之矣。”（《礼记·中庸》）颜回的言行表现，可以说是对上述修身境界的直接表现。“修身”所处的位置，是整个社会建立信任合作的中枢，自己认识到“善”并以之指导约束自己的行为，持续反省自身并在此基础上顺乎父母、信乎朋友、获信乎上，明善并修身有得，则社会人心团结、上下有序，儒家渴望的善治社会也由此形成。可以说这一段论述代表了儒家将对家庭伦理、社会伦理、政治伦理这些涉及宇宙秩序的思考融合到了一起，建构出一种逐级递进、井然有序的“诚则治”的图景。

二、“不令而从”——政治合法性的伦理论证

中国古代政治伦理的一个核心问题是皇权制度的合法性论证问题，

因为由一个家族依靠血缘传承关系统治一二百年，明显不符合现代国家通行的元首民选原则，皇帝家族长期垄断最高治权这一“非民主特征”，也是中国古代政治遭到近现代以来国内外学者激烈批判的缘由之一。而要讨论中国的皇权制度，首先有必要分析一个很重要的问题，就是被唐宋以来的众多文人士大夫作为“理想帝王模范”的尧舜传说，因为这涉及古代皇帝如何为自身权力合法性做出解释。现代政治理论的一大核心命题是统治者的合法性问题，有关皇帝权力合法性的获得、传承和转移的问题上，中国先秦以来的政治理论研究者已经做出了很多比较深入的思考和探索，而“尧舜模型”是其中影响最大的一种。“致君尧舜上，再使风俗淳”（《杜诗详注·奉赠韦左丞丈二十二韵》），是唐代“诗圣”杜甫30多岁在长安求职时，写给玄宗朝尚书左丞韦济的一首自荐诗中的两句，大意是：我的理想是促使皇帝比尧舜更伟大，我的壮志是一旦自己得到任用，就要使社会风气和上古三代一样淳朴敦厚。可见尧舜这两位古代帝王是诗人心目中的皇帝模范。司马迁在《史记》中对尧和舜的事迹做了较为详细的记述，可以从其中的文本出发讨论尧和舜并列这种“组合政治道德模范”的独特政治内涵。

按照史学家司马迁在《史记·五帝本纪》里的说法：尧的出身是比较高贵的，他是五帝之一的帝喾高辛氏之子，而高辛氏又是黄帝的曾孙，这样算起来帝尧就是黄帝的玄孙，在帝喾之前接替黄帝天下共主地位的是黄帝的孙子颛顼。五帝中前四位都是黄帝轩辕氏家族的贵胄，且可以说都是在帝王家庭中长大，而且继位过程几乎都是顺理成章没有太多的公开考验竞争。只有舜的祖先虽然可以追溯到颛顼，但从颛顼之子穷蝉开始，到舜一共六代都是庶民，因此当尧帝命令四岳举荐“贵戚及疏远隐匿者”之时，众大臣眼里的舜是背景普通的“盲者子”，舜要通过一连串烦琐不易的公德私德考察，且在尧帝驾崩后三年之丧结束，舜还要避让尧帝之子丹朱，做到仁至义尽后才承认天命所归。而且在这篇总论上古帝王德行事迹与合法性系谱的文章（《史记·五帝本纪》）中，司马迁给予舜的篇幅甚至超过了黄帝，可见作者对通过个人德性修养来和平获取权力这种道路的认可。尽管司马迁继承其父司马谈在《论六家要旨》中的观点，认为儒家的总体理论深刻程度和适用性不如道家（《史记·太史公自序》），而其此处所指之“道家”范围更广，与唐代以后文人意识里侧重炼丹修仙之道家有差别，但在推崇舜帝这一点上，却和“祖述尧舜，宪章文武”（《礼记·中庸》）的儒家学者高度一致，可见对于怎样的人更适合担任最高统治者，当时的知识精英群体成员其实存在相当多的共识。

舜跟尧的德性养成背景很不一样，套用今天中国社会流行的心理学名词，他是在不良的“原生家庭”形态中成长起来的（舜受亲生父亲和后母虐待，他们都偏爱舜的同父异母弟弟而忽视甚至企图杀害长子舜），而且舜本人上溯五六代都没有什么贵族背景，在同时代的四岳等贵族首领眼里，舜只是长期“在下”的平民。舜少年时期有被其他家庭成员虐待甚至多次危及生存的历史，但是他克服了不良的成长环境，把家庭和社区都治理得很好。舜以孝悌起家，在平民中间积累起来的德行名声甚至传到了尧帝及其大臣的耳朵里。孔子称赞尧帝的德行时说：“大哉！尧之为君也！巍巍乎！唯天为大，唯尧则之。荡荡乎！民无能名焉。巍巍乎！其有成功也！焕乎！其有文章！”（《论语·泰伯》）大意是说尧的德行深厚广大像天一样，以至于老百姓无法描述，相对于舜的具体善德，这是一种更为完美无私的状态。对于像舜这样富有美德善行的平民，尧帝也一定是早有耳闻，因此尧听到辅佐大臣四岳提起舜时，马上回应说我知道这个人（《尚书·虞书·舜典》）。尧先把两个女儿嫁给舜，目的一方面是测验舜是否会被富贵所打动，另一方面是帮助舜成为圣王。尧的德性好像日月天地一样广博伟大，但他也要考虑良善的治理怎么维持下去。从尧到舜这种政治继承的格局十分完美，代表了政治权威如何从血统高贵的帝王家族统治者转向有后天德性、没有高贵血统背景的普通个体，而且这种情况在历史上应该是大概率出现的，毕竟作为统治者的精英是少数，而且贵族精英不能保证自己的子弟在道德品质方面能完全继承自己的优势。所以儒家讲“尧-舜模式”，是讲政治继承的一般形态：从原则上讲，有德性的普通人都可以继承君位，有德性的贵族和精英子弟当然也可以，尽管他们面临的腐化或退化的心理压力要大很多。儒家设置“尧-舜模式”并且加以强调，不去强调“尧-益模式”（从部落联盟领袖传承到该领袖属下的“部长”）或者“舜-禹模式”（从前领袖传承到父辈犯过错误的“高干”子弟），符合儒家对春秋政治新常态的考虑，也与其“有教无类”的政治社会化原则相符合。

从夏禹传到夏启，开始“家天下”，这是传统的部落联盟军事民主制度向血缘继承国家过渡的开端。尽管从春秋时期墨家学者即推崇“上古禅让”命题并且被儒家继承改造，但在政治安定时期多数社会成员还是认同“父死子继”的简单模式，因为在谁有道德资格接受禅让这一点上，细致的考察比较需要巨大的社会成本，普通百姓也对之兴趣不大。从帝王继承故事中对人物细节的塑造增添，可以看出后世思想家根据当时社会形势变化，对该理论中“基本理想类型”的修正。根据顾颉刚先生的研究，大禹的故事出现得比较晚，大禹从《诗经》中的神逐渐演化，终于成为《尚书》中的人王，后世学者还创造了他改正父亲鲧的重大错误和“三过家门而不入”这样公而忘私的故事，从神话原型的意义解析来看，这说明当时社会上存在一批父祖辈犯过错误的贵族子弟，他们渴望获得各阶层认可，并有可能基于这种民意和自己的突出专业才干而重新掌握权力，这批人“被迫或主动”地脱离了旧家庭，且因为其实际文武才干和魅力，拥有一定的下层社会民意基础，他们不太在意儒家的“尧-舜模式”，而愿意推崇大禹，并且首先把这种政治文化传播给了和自己距离较近的武士阶层，由他们再向下浸染有平等需求的下层民众，这是墨家风行一时的社会基础之一。

除了上述的以上古帝王为例证论述自身合法性来源的几种理论模型外，中国古代社会中流行时间比较长的是有关王朝统治权威依赖“五德终始”的学说。这是战国末期学者邹衍所创造的一种具有自然哲学意味的合法性理论。由于该理论和老百姓日常生活中广泛接触的金、木、水、火、土等生活元素联系密切，接受这种理论的王朝也会通过改变历法正朔、旗帜朝服颜色等明显时空标记来彰显本朝的存在感，与之相关的礼乐舆服等制度和相关皇家器物，也成为皇权制度的重要组成部分，而这些器物中最重要的就是秦始皇称帝后铸造的“传国玉玺”，有段时间甚至引发了皇帝证明自身权力正当主要依靠“德”还是依靠“玺”的争论。到唐末五代时，传国玉玺的权威被军阀安重荣的骄横名言“天子宁有种邪？兵强马壮者为之尔”（《新五代史·列传·杂传第三十九》）所代替，但是这种充满暴力气息的观点显然不能在和平时期长久存在，因此到宋以后兴起的“气数论”逐渐占据了上风，乃至于汉族王朝宋朝和明朝的灭亡也被认为是“气数已尽”。皇权制度中的合法性来源还与皇权体系自身的运转目的密切相关，因此我们看到除了表面上各朝都奉为正统的“尧舜之道”，各个王朝还有自己的“祖宗之法”，二者在具体运行方面有很大差距。例如，汉宣帝所说的“汉家自有制度，本以霸王道杂之”（《汉书·纪·元帝纪》）；唐代中期以后的诏令文书和大臣奏疏中已多次出现“祖宗之法”；北宋著名文臣吕大防在经筵中总结宋朝皇权政治特色时，更是明确地提出“读《宝训》”“因推广祖宗家法以进”（《宋史·列传·卷九十九》），一口气列举了宋朝立国以来历代皇帝积累的重要执政经验，均是在世俗事务治理方面与过去的王朝相比所具有的优势，与神学天意等无关，堪称是辅政大臣对本朝新获权力之合法性的最详尽的论证。此后，元、明、清各代均有文人学士从不同角度论证本朝比前朝优越之处若干条[①]，这固然与欧洲 16 世纪以来兴起的“历史进步”的观点不同，但也说明中国古代王朝并非简单的循环重复，每个生活在具体王朝统治下的历史经验敏感者，多少都有将自己的时代置于更漫长的历史时空之下比较，并为本王朝的“皇权制度优越性”论证的尝试。

皇权制度表面上是为了维护皇帝及其家族的稳固，但是由于在既定的历史时空下，有一个道德水平中等以上的统治者家族作为符号存在，客观上有助于压制潜在争位者的野心。对于和帝位争夺关系不大的普通老百姓来说，帝王家族实现权力平稳传承和有效治理，从而给基层民众带来生活福利，是最重要的关切，因此他们宁愿选择简单相信并跟随前

① 杨联陞．朝代间的比赛//杨联陞．国史探微：宏观视野下的微观考察．北京：中信出版集团，2015.

文所说的那些说教，而不愿花太多时间精力去质疑帝王自身的权力来源是否合乎天道。即使在现代社会，由于某些君主立宪制国家的现代民治政体性质得到公认，名义上的国家元首仍在皇族内部按照血缘世袭（如英国与日本等），其礼仪待遇等也有法律加以保证，皇帝或女王的存在并不妨碍国家现代政治的运行。如此似乎又回到了上古时期那种“血缘与合法性相分离”的“传贤不传子”制度，真正治理国家的是通过选举产生的“贤能”的政府首脑，而在血缘上继承了帝王正统的“皇室后代”仅能享有礼仪性的地位，恰如中国从传说中的尧舜时代就有的，并且在周代得到制度化落实的分封古圣王后裔为诸侯的政治设计。透过“一人统治全国”的文字表象和“皇帝事无巨细皆专制”的干扰迷雾，才多少能看清传统皇权制度的本质：皇帝权威在多数时候是以一种精神上的合法性来源，因为一个能持续运行上百年的王朝，必然不是皇帝本身及其血缘近亲所能有效管理的，而要仰赖庞大的文武官僚机器。儒家理想的皇权制度运行状态是“端拱无为”“垂裳而治”，这更凸显出皇权的精神示范性，曾有学者把中国古代皇帝制度具有的这种“精神统一功能”类比为欧洲中世纪把各个基督教封建王朝国家在精神上联为一体的罗马教皇，虽未必完全适当，但也点出了传统皇帝制度种种设计的内涵。而皇帝最愿意让臣民遵守的伦理原则之一，就是在中国传统政治伦理文献中出现很早，影响并走出中国，传播到整个东亚的“忠”，这一原则在20世纪的东亚思想界也曾引起很大争论，并且对我们今天思考政治伦理问题仍然有很大影响，下文即围绕此一主题展开探讨。

三、“忠”的原初多重内涵与非单向约束

如同日籍学者佐藤将之所指出的：在东亚政治社会中，“忠”的概念是最关键的价值概念之一。在以君臣关系为主轴的社会结构和运作中，“忠”经历了一个从“君德”（要求君主忠实履行自己保护臣下和民众的义务）转向“臣德”的过程，这个转变在日本表现得更为明显，单

方面强调臣下对君主尽忠的倾向也最为激烈①。在古代中国的大多数政治文献里，“忠”却是具有双向内涵的，而且在最初应用到君主和臣下关系上时，“忠”首先要求的是君主忠于职守，切实履行自己保卫社稷、保护臣下和民众的义务。例如，在春秋时期著名的“曹刿论战”故事中，曹刿评价鲁庄公“小大之狱，虽不能察，必以情”（《左传·庄公·庄公十年》）的施政情况说明，就是认为鲁庄公尽可能公正处理司法案件是忠实履行了君主的义务，可以凭借由此积累的臣下和民众的拥护去和齐国作战，所谓“忠之属也，可以一战”（《左传·庄公·庄公十年》）。春秋战国时期的文物上所见到的“忠”字，也多数是这种内涵②。到了汉代，随着“三纲六纪”学说得到官方宣扬鼓励和学者论证支持，“忠”强调臣下要对君主尽忠的内涵逐渐加重，也出现了很多为了帝王事业不惜牺牲自己身家性命的“忠臣烈士”，这些人物事迹无疑成为后世宣扬忠义文化的最早来源。以至于宋朝学者搜集文献材料编纂《忠经》时，还要伪托东汉大儒马融的名头。

“忠”在东汉时期许慎编成的《说文解字》里只有一个义项“敬”，当然这或许是因为《说文解字》的主要功能是字典而非词典，只列举了“忠”字在当时最主要的用法。而上文列举过的春秋战国的方壶铭文和竹简文献中都已经提到了“忠”，且其意思和传世文献《左传》中一样，不限于“敬”而有“竭诚本职工作”“不背叛”等内涵。到了 18 世纪初期，著名辞书《康熙字典》里为“忠”列举出了十几个义项，如敬、直、不欺、言出于心（表里如一）、“六德”之一、竭诚、不贰、无私、宽厚、危身奉上、险不辞难等。我们这里重点讨论的，是被晚清以来的知识分子集中抨击的、和“愚忠”有关的那些内涵。

“愚忠”这个词语并非晚清学者生造，西汉司马迁撰述《史记》时，就几次用到这个词，不过和今天我们使用的意义有明显差别，如《史记·三十世家·赵世家》中记载赵国公子成劝谏赵武灵王不要进行“胡

① 佐藤将之. 中国古代的“忠”论研究. 台北：台大出版中心，2010：1-4.

② 如上文所引佐藤将之书中提到的春秋末期中山国方壶和战国中期的郭店楚墓竹简“忠信之道”。

服骑射”改革时，就说“王命之，臣敢对，因竭其愚忠”（《史记·世家·赵世家》）；又如范雎在初次见到秦昭王时所说“愿效愚忠而未知王之心也”（《史记·范雎蔡泽列传》），这两处的“愚忠”都是臣下对君主进言时的谦称，犹如今天说“浅陋的我推心置腹给您提点不成熟的意见”之类，并无后来以“愚”来界定“忠”之价值的用法。因为当时“忠”具有多方面的内涵，要“忠于职守”的首先是君主本人，且他的责任要比属下文臣武将重得多，到明朝灭亡时崇祯皇帝甚至采取了自杀殉国的方式来为自己的一系列失误承担责任，其行为也得到后世多数史家的认可，称为“天子死社稷”[①]。不过治理国家毕竟是一项需要多人合作的庞大系统工程，很多决策也不是依赖皇帝一个人的理性做出最后决断，而且皇帝本人被废黜甚至被杀会引发王朝系统整体性的崩溃，因此在多数情况下要对施政失败负责的往往是协助皇帝总理朝政的世俗政府首领——宰相。前文已经提到过，在中国古代的政治体系设计中，位于秩序顶端的皇帝兼有世俗和精神两个层面的领袖的内涵，在世俗层面协助皇帝管理和推动整个官僚体系的就是以宰相为首的高级决策圈（从秦汉的“三公”到魏晋隋唐的“三省”主要长官，再到宋元的“事实宰相”和明清的大学士“首辅”、军机大臣等），他们是否能够忠于职守并且以集体理性弥补帝王自身的疏漏，成为决定治理成败的关键，因此对于“忠”的要求转化为道德义务，首先是从这些高官开始的，并且还有了与“忠”相对立的伦理贬称——“奸”。

根据有关历史学者的研究，中国古代多数时间的世俗政府领袖并不像今天人们熟悉的一些外国政府的内阁制那样由首相统领各部分工合作，名义上的宰相权力拥有者与事实上的掌权施行者往往并不重叠[②]，而这种分离的程度又与帝王自身控制欲的强弱和实际能力的大小相关。因为宰相的职责虽然曾被汉朝初期著名的智者陈平拔高，号称“宰相者，上佐天子理阴阳，顺四时，下育万物之宜，外镇抚四夷诸侯，内亲

① 魏禧．明右副都御史忠襄蔡公传//魏禧．魏叔子文集．北京：中华书局，2003.

② 张纯明．中国政治二千年．北京：当代中国出版社，2014：23-24.

附百姓，使卿大夫各得任其职焉”（《史记·三十世家·陈丞相世家》）。但丞相自身并没有皇帝那样的“天子”神圣性光环，而是需要以自己的身家性命对政治成败负责，罢黜或者斩杀丞相成为皇帝缓解自身合法性危机的常用手段：在丞相这一职位正式设立不久，担任其职者就经历了巨大的风险，如秦代统一后的三位丞相李斯、冯去疾、赵高等先后被杀；雄才大略、权力掌控欲极强的汉武帝在位 54 年间，共经历了 13 个丞相，分别为：卫绾、窦婴、许昌、田蚡、薛泽、公孙弘、李蔡、庄青翟、赵周、石庆、公孙贺、刘屈氂、田千秋。除田千秋一人在汉武帝病危时因参与托孤得以留任外，其他 12 位丞相，被免职的 7 人（其中窦婴先被免职后又被杀），5 人因犯罪自杀或被下狱治罪。在职位风险大、极度不稳定的背景下，“不忠”当然是用来给被免职者或者被杀者定罪的最方便的名义。

其实即使丞相真正地忠于职守，竭尽心力为王朝治理奉献一生，仍然会引起帝王的不满，比较典型的是清高宗乾隆在清廉名臣尹会一之子尹嘉铨为其父请谥号事件中的露骨言论：“使为宰相者，居然以天下之治乱为己任，而目无其君，此尤大不可也。”① 乾隆公然宣称“以天下之治乱为己任”就是眼里没有皇帝，实质上是一种限于当时统治集团自身文化素质而出现的政治意识倒退。因为在清代以前的史书里，很多贤臣名将都是在青年时期就立下壮志，“慨然以天下为己任”，并且这也得到了史官的认可，是成为“忠臣”的必要条件之一。乾隆则宣称：“然社稷待名臣而安之，已非国家之福，况历观前代忠良，屈指可数，而奸佞则接踵不绝，可见名臣之不易得矣！”② 这段话充分暴露了皇帝对于垄断最高权力本身的迷恋，即使名臣能够靠自己的政治行政能力安定国家造福民众，在乾隆这样猜疑心重的君主看来，仍然“非国家之福”，那么他们要求的就只是对皇帝本人的需求能够事先揣测的私人之“忠”，并能在皇帝心情变化时心领神会迅速见风使舵，“忠”变成了对皇帝家族的物质和心理需求满足这一“事业”的“忠于职守”，也难怪会培养出

---

①② 王钟翰. 清史列传：卷十八：尹会一附子嘉铨. 北京：中华书局，1987：1326.

像和珅那样的佞臣，其人屡次被乾隆称赞为“忠臣”，事实上却成为中国历史上最大的贪官，奴性扭曲人格竟然成了“忠臣”的必要条件。“忠”的伦理要求，到这时已经完全变味堕落为随时随地满足帝王私欲的奴性价值，这也成为“忠”在晚清民国以来受到集中抨击的重要缘由之一。

关于“忠”及与之相关的“忠孝”“忠义”“忠正”“忠烈”“忠勇”等政治伦理价值的分析，除了上文所说的要注意不同历史语境下“忠”的内涵和对象的不同外，还要注意有关集团表彰这些价值的用意，因为“忠”本身具有多层内涵，例如，在基层乡里社区，表彰某人“忠孝”“忠厚”可能是要他起一种维持地方秩序稳定的示范作用，以便其他人也能像他一样孝顺父母、团结亲族、和睦邻近，这些成就基本上可以看作消极保守的，而对于地方秩序稳定来说则是很有必要的；但是如果在朝廷层面说称扬某人“忠义”“忠烈”，则他可能是为王朝的某项开拓事业或者边境安全做出了重大贡献甚至牺牲了生命，这时的“忠”就带有很强的技术内涵或者功利要求，甚至还是扩张性的（如对外战争中杀敌越多得到的“忠”的评价等级就越高）。在上述意义上获得的“忠”，也往往会得到后世的承认，因为在很多情况下，无论执政者的道德水平如何，对于基层社区秩序的维护和国家民族整体安全的保护做出贡献，都是会得到共同体成员的认可；而上文所述的那些致力于追逐和满足帝王一人或者其家族私人利益的投机者，尽管可能获得某些掌权者一时的称誉并由此得到生前的物质与虚荣满足，却是经不起历史考验的，例如，唐代之奸相李林甫、杨国忠，宋代的蔡京、秦桧、贾似道，明代的严嵩，均在侍奉的君主面前得宠，屡获“忠臣”赞誉，实际上祸国殃民、遗臭千年。

四、传统纲常伦理之合理政治内核的重新发掘

传统中国社会政治秩序在晚清遭遇“天崩地裂”的观念冲击以来，

有众多先贤哲人忧心于中国社会政治伦理的重建问题，并结合自己对所处时代东西方政治历史现状的认识和考察，提出了一系列方案。例如：20 世纪初梁启超先生在其发表的一系列政治论文中，就国家、民族、社会、公民、团体秩序等问题分别发表了建设意见，后来汇集成著名的《新民说》出版。黑格尔翻译研究专家贺麟教授在抗日战争期间内外交困的环境中，仍致力于思考如何让中国传统的“五伦”观念在民国政治建设中继续发挥作用，他在当时所撰写的《五伦观念的新检讨》[①] 一文中说道：“五伦的观念是几千年来支配了我们中国人的道德生活的最有力量的传统观念之一。它是我们礼教的核心，它是维系中华民族的群体的纲纪。我们要从检讨这旧的传统观念里，去发现最新的近代精神。从旧的里面去发现新的，这就叫做推陈出新。”贺麟还指出当时的研究方向，应该是“如何从旧礼教的破瓦颓垣里，去寻找出不可毁灭的永恒的基石。在这基石上，重新建立起新人生、新社会的行为规范和准则”。与贺麟的撰述几乎同时，又有哲学家冯友兰有关中国政治社会问题的一系列时论发表，后来结集为《新事论》出版，这是冯氏著名的“贞元六书”著作中的一部；《新事论》另有一个副标题为“中国到自由之路”，书中所探讨的多数是与当时社会政治建设有关的话题，如“辨城乡”“说家国”“原忠孝”“阐教化”“论抗建”等。

从今天得到世界多数国家承认的政治价值体系来看，如果说传统纲常伦理还有什么合理性，就在于它指出了政治领域中至今仍然存在的权力强制性的长期存在。战国末期思想家韩非之所以公开宣扬貌似片面绝对的“君为臣纲”，并且对儒家学者对政治暴力性质的掩饰做出抨击，就是因为他看到了政治活动不同于其他人类活动的根本特征，而在战国后期国家之间军事攻伐日趋激烈残酷的情况下，绝大多数国家实际上很难有时间与信心再去施行孟子的“仁政”，等待百姓仰慕德化来自然投奔归顺，因为其他国家的百姓绝大多数都已经在充分的战争动员体制中

---

① 贺麟．五伦观念的新检讨//贺麟．文化与人生．上海：上海人民出版社，2011：51-62.

被全面监控管制和奴役，已经不存在多少孔子时代那种逃离于贵族战争之外、可以自由隐居从事农耕的“野人”；孔子当初面对齐景公的国事咨询，慎重考虑后提出的施政原则“君君、臣臣、父父、子子”（《论语·颜渊》），其实是一个很宏观的规范概念，至于如何落实这一规范，他只在回答弟子提问时说过“富之”“教之”这样的次序，当然为了保障民众的安全感，还需要君主在整个国家层面做到“足食足兵”，这样民众才会信赖拥护君主。从孔子亲身经历的鲁国后期贵族政治来看，“君君，臣臣”的关键还是在于君主对军事、财政、选官权力的掌控，孔子本人曾经参与的“隳三都”事件，本质上就是对威胁君主的大贵族军事能力的削弱；而当时诸侯国内部普遍存在权力逐级下移分割，直接掌握军事训练和赋税征收权力的官吏家臣跋扈专权的现象，因此齐景公听到孔子的建议后才深有感触地赞同说：“信如君不君、臣不臣、父不父、子不子，虽有粟，吾得而食诸?”（《论语·颜渊》）齐景公的先人，“春秋五霸”之一的齐桓公，就是虽然做到了富国强兵，但没有管理好自己的臣下和儿子，以致结局悲惨：齐桓公病危时，他昔日信任的佞臣们分别拥护诸位公子准备争位，不准外人进宫探望，导致这位霸主被活活饿死且多日不得收尸下葬。另外一位战国晚期的雄主赵武灵王，虽然在改革军事制度、引领赵国转化为军事强国方面贡献很大，但同样没处理好君臣与父子关系，导致自己晚年被围困在沙丘宫里饿死。这一前一后两位雄主“有粟不能食”的案例，加上一生信仰法家的秦始皇死后的类似遭遇，生动解释了为何即使在富国强兵要求十分迫切的背景下，仍然不能忽视基本的政治伦理秩序建设。

即使到了21世纪，世界上大多数国家已经实行政府首脑的选举制和任期制，“君君、臣臣、父父、子子”这些古老而隐秘的伦理信任和传承关系其实仍然在很多场合发挥作用（尤其以大型跨国公司权力结构的家族化分布最为明显）。今天我们讨论纲常伦理的现代合理转化，也主要是对旧时纲常伦理对秩序本身的强制力基础的深刻洞察。即使在今天世界各国不同形态的民主政体中，我们仍然能够区分出“主权象征者”、“最高治权者”、“政府执政者”、具体政治领导人、各专门机构官员、专业决策咨询官员、为中枢服务而具有“次生权力”者等笼统的“掌权者”阶层，他们大体可以笼罩古代“君”和“臣”政治概念的范围，而“父父、子子”这对伦理关系，却是无论在什么时代、为官还是为民都要考虑的基本问题。在民主与法制的框架下，如何构建具有中国特色但又彰显现代价值的政治伦理原则和规范，是现代中国国家治理现代化的必要组成部分之一。

第5章

天地之大德曰生——中国人的环境伦理

5

天地之大德曰生
——中国人的环境伦理

古代中国人的政治伦理观是其宇宙观的一个缩影，国家治理的原则和规范也是依据对“天地人”三才及其关系的理解而构建出来的。因此，中国人的伦理在邦国之后必然移向更大的空间，在天人之际才能得以论证和完成。自我、家庭、社群和天地构成中国人伦理思考的四个维度或阶段，形成了个人伦理、家庭伦理、社群和政治伦理以及特殊意义上的宇宙伦理。它们的关系既是平行的，是人类生命生活的四个面向；也是递进的，代表着个人道德成长的不同层级和境界。杜维明在论证儒学是一个区别于欧洲世俗人文主义的“精神人文主义”体系时，特别指出：“作为一个包容而综合的人文主义，精神人文主义一共分为四个不可分割的侧面：第一个是个人，指个人的身体、心知、灵觉和神明的融会贯通。第二个是个人与他者、与社群之间的健康互动，这个社群包括家庭、邻里、社区、城市、国家、世界，乃至更大的宇宙。第三个是人类和自然世界的一种持久和谐。最后，我认为也是非常关键的，就是人心和天道的相辅相成。一般我们思考人文主义时，只考虑前三个侧面，但其实真正的精神人文主义，还应该包括人和天道的关系问题。”[①] 这些论证符合传统儒家理论思考的基本特征，也是我们探讨中国人伦理时应该给予特别关注的。

天人关系构成了中国人伦理的超越领域，同时也是自我、家庭、社群、邦国等人际伦理的提升与扩展。因此，我们在论述中国人的修身伦理、家庭伦理、社群伦理、政治伦理之后，就需要探讨中国人关于宇宙天地的伦理观念以及这些观念对人的指导作用。“天地”在中文语境里意蕴深厚，具有精神、自然和道德多维含义，本章从狭义的角度来理解中国人关于天人关系的伦理，特别关注其万物一体的生态价值观以及由此形成的保护自然环境的伦理规范和道德意识。

---

① 参见杜维明先生 2017 年在北京师范大学“首届京师中哲名家论坛”上的发言。

一、"生生之谓易"与古代经典对环境重要性的强调

从现代伦理学发展史来看，环境伦理是在 20 世纪中后期在欧美逐渐兴起的一个交叉领域，中国伦理学界对这一主题的关注较晚，然而取得的相关理论成果并不少，甚至在很多方面对西方伦理学界的相关议题产生了重大影响[①]。形成这一现象的重要原因，是中国传统经典对保护生态环境有着丰富的论述，并且在千百年的思辨实践中形成了较为成熟的环保哲学思想体系。相对于 16 世纪以来欧洲学术界对"自然"的机械论认识和工程技术思维的发展，中国在近代基本上仍然保持着传统的"生生"哲学理念和"天人合一"思维，在改造自然的工具理性方面并未取得突出进展。这一方面造成了明显的科学技术工艺落后，使中国从 19 世纪中期以来在国际竞争中长期处于受西方强国宰制的地位；另一方面也由于中国引进现代工业技术的效率较低，且很长时间内落后的社会管理制度无法使工业机器充分发挥其威力，对环境的破坏也就弱于同期的西方国家。等到 20 世纪中后期，中国开始大规模展开工业化，对自然资源的索取和开发程度都大大超过了以往千百年的总和。随后的改革开放和中西全面交流，使中国的有识之士意识到新兴环保思潮的价值，尤其因为多年快速工业化积累的空气、水、土壤、食物污染的严重后果在 21 世纪初集中爆发出来，当前中国政府和社会力量在应对和治理环境污染问题方面正在形成积极的共识，而追溯中国传统思想中的环境伦理资源，也无疑是凝聚相关共识、促成共同行动的重要一环。

"生生之谓易"是中国古代学者在论述与天地等自然环境相关的问题时，经常会提到的哲学命题，其出处《易传・系辞上・第五章》是

① 冯沪祥. 中西环保哲学. 北京：北京大学出版社，2016：6-7.

《易传》“十翼”的一部分[①]。《易传》作者将宇宙视作生机无限的宇宙，认为天地精神即“生生之德”。其作者试图以阴阳变动流转、周行不息的方式来说明自然界与人类社会的诸种事相。乾坤二者代表天地，乾元即天道，坤元即地道，阴阳之道即乾坤之道，而乾坤之道的演化造就了包括人类社会在内的天地万物。乾元与坤元二者相感相应，相互配合，成为万物生长的根据所在。《易传·系辞上·第六章》中说：“夫乾，其静也专，其动也直，是以大生焉。夫坤，其静也翕，其动也辟，是以广生焉。广大配天地，变通配四时，阴阳之义配日月，易简之善配至德。”乾坤共同创生天地万物，乾阳静止时专一，活动时刚健，具有“大生”之德；坤阴静止时收敛，活动时开辟，具有“广生”之德。乾坤的大生、广生之德与天地相匹配，变通与四时相匹配，阴阳与日月相匹配，这一平易简单的道理与人的最高的德性相匹配。

“一阴一阳之谓道……富有之谓大业，日新之谓盛德。生生之谓易”（《易传·系辞上·第五章》）。道即阴阳之气运动不息、动态统合的过程。“富有”指的是空间上的广大无垠，“日新”则是时间上的悠久无限。“生生之谓易”即阴阳之道化育万物、不断新陈代谢的过程。按照一般解释，“生生”在此具有两重含义：一是创生万物，是历时性的万物生成；二是万物相生，是共时性的相生共存。天地具有生生不息创生万物的本性，“继之者善也，成之者性也”（《易传·系辞上·第五章》），作为秉持天德的圣人所追求的价值也应当与天地之德相应。遵循万物春生夏长、秋收冬藏的基本规律，使万物得以顺遂其本性。而做到这一点的根本要义在于遵循“先天而天弗违，后天而奉天时”（《易传·文言·乾文言》）的规律性，在适当的时位采取合宜的行为。

宋明理学在诠释《易传》的过程中进一步继承和发展了《易传》中的“生生”思想。张载从其“气本体论”出发，进一步论证了太虚实有

① 《易传》是对《易经》的解释性著作，由《彖》上下、《象》上下、《系辞》上下、《文言》、《说卦》、《序卦》、《杂卦》七种十篇文章组成，并称“十翼”。有关《易传》成书的时间，学界有颇多争论。相传为孔子所作，也有研究认为，《易传》“十翼”与孔门后世弟子有关，形成并流传于战国时代，定型于汉代。笔者在此从后者说。

的无形之气何以作为万物生成的本源以及其运动流行、化生万物的过程。张载亦认为，天地根本之德即“生物之心”。他明确说：“大抵言‘天地之心’者，天地之大德曰生，则以生物为本者，乃天地之心也。”（《横渠易说·上经·复》）在张载看来，并不是真有如同人之肉团心那样的一个“天地之心”存在，天地之心即抽象的人心，且可称其生物之德。而此德便是“仁”之德。唯有人心才能体会到存在于万事万物中的仁，唯有人心才能合于天地生物之心。这即《周易·复卦》将人心视作“天地之心”的要义所在。具体而言，人要体察天地生物之心，比配天地生生之德，必须通过“大其心”的方式进行。“大其心则能体天下之物，物有未体，则心为有外。……天大无外，故有外之心不足以合天心。”（《正蒙·大心》）张载强调：“大其心”即尽可能推扩人心之德性，从而不与外物有隔膜，而这也是孟子所云“尽心则知性知天”的意义所在。

二程与朱熹明确以“仁”来揭示《易传》中的“生生”之理。在程朱一系学者看来，“仁”根源于天地“生生”之理，天道本身即表现为“生生”，“仁”在二程以“仁”为“生生”之性的论证过程中，具有了形上含义与宇宙论的根据。“仁”即“生生”，与天合一。朱熹训“仁”为“心之德”“爱之理”，此理即天地之性以生万物之理。“‘生生之谓易’，是天之所以为道也。天只是以生为道，继此生理者，即是善也。……‘成性存存，道义之门’，亦是万物各有成性存存，亦是生生不已之意。天只是以生为道”（《二程集·元丰己未吕与叔东见二先生语》）。“仁，理也。人，物也。以仁合在人身言之，乃是人之道也。”（《二程集·罗氏本拾遗》）天地“生生”之理体现在人之心中，具体表现为人对天地万物之爱，这便是仁德的彰显。程颐于此亦有形象的比喻，他说：“心譬如谷种，生之性便是仁也。”（《二程集·刘元承手编》）朱熹对此解释道：“程子所谓心如谷种，仁则其生之性，是也。”（《四书章句集注·孟子集注·告子章句上》）在他看来，仁爱即人的根本德性，这种德性本身亦是人心中所固有的天理。具有“仁德”的人心能够从天地生发长养万物的过程中觉察到自身与天地万物为一体。朱熹亦强调“仁”之作为“生”之德的重要意义，“仁是天地之生气”（《朱子语类·

卷六》),“仁是个生底意思,如四时之有春。彼其长于夏,遂于秋,成于冬,虽各具气候,然春生之气皆通贯于其中”(《朱子语类·卷二十》),“只从生意上说仁”(《朱子语类·卷六》)。他又说,“天地以生物为心”,“天包着地,别无所作为,只是生物而已。亘古亘今,生生不穷,人物则得此生物之心以为心”(《朱子语类·卷五十三》)。

王阳明认为,仁乃是“造化生生不息之理”(《传习录·卷上·门人陆澄录》),人之良知明觉即由此而得以发见,下贯于人心的仁德亦由此得以落实,因而人人皆具有“自然昭明灵觉”的人心。他说:“大人之能以天地万物为一体也,非意之也,其心之仁本若是,……是故见孺子之入井,而必有怵惕恻隐之心焉,是其仁之与孺子而为一体也,孺子犹同类者也。见鸟兽之哀鸣觳觫,而必有不忍之心焉,是其仁之与鸟兽而为一体也。鸟兽犹有知觉者也,见草木之摧折,而必有悯恤之心焉,是其仁之与草木而为一体也。草木犹有生意者也,见瓦石之毁坏,而必有顾惜之心焉,是其仁之与瓦石而为一体也。”(《阳明先生集要·大学问》)天地“生生”之仁本居于人心之中,不假外求。由人心之本体之“仁”出发,即能使自己的精神达到与天地万物融为一体的至高境界。

清代学者戴震对传统儒家“生生之德”的诠释相当精彩。尽管戴震对理学一系思想颇有微词,但他在问题意识与论证策略上对程朱理学传统多有继承。他亦将“仁”视作天地根本之德,从“气化论”的角度出发强调“生生”同于仁德。他说:“《易》曰:‘天地之大德曰生。’气化之于品物,可以一言尽也,生生之谓欤!观于生生,可以知仁;……失条理而能生生者,未之有也,是故可以知义。礼也,义也,胥仁之显乎!若夫条理得于心,其心渊然而条理,是为智;智也者,其仁之藏乎!生生之呈其条理,显诸仁也,惟条理,是以生生,藏诸用也。显也者,化之生于是乎见;藏也者,化之息于是乎见。生者,至动而条理也;息者,至静而用神也。”又说,“得乎生生者谓之仁,得乎条理者谓之智。至仁必易,大智必简,仁智而道义出于斯矣。是故生生者仁,条理者礼,断决者义,藏主者智,仁智中和曰圣人”(《孟子字义疏证·原善上》)。戴震以其分析性的思维指出,作为天地之德的“生生”乃是“化之源”,

物种间各自的生长是“化之流”，二者犹如一体两面，密不可分。戴震的观点，进一步提振了“生”作为天地之德的重要意义所在。

二、儒道释思想的生态伦理内涵及其历史演化

“天人合一”是中国思想中最为重要的核心思想与精神之一。在中国思想史上，儒释道三家对“天人合一”均有系统和细致的阐发。“天”是人之终极的价值来源，而人则是价值的实践与实现者。值得注意的是，除环境伦理这一重要维度与面向外，中国传统思想中的“天人合一”思想亦包含政治伦理、道德哲学、审美境界等其他维度的内容①。专就环境伦理方面而言，“天”可视作人之生存的环境，抑或“自然”，“天人合一”可理解为将人与自然视作有机联系的整体。

在《论语》中孔子亦对这一层面上的“天人合一”思想有所论及。他以道德哲学的视角，对自然有着颇为独到与深刻的洞察。在他看来，求道之人（君子）应当在德性上效法创生万物却沉默不言的天地之德：“天何言哉？四时行焉，百物生焉，天何言哉？”（《论语·阳货》）而他本人亦身体力行，倡导善待环境和生态保护的理念，做到“钓而不纲，弋不射宿”（《论语·述而》），即钓鱼时只用鱼竿，从不用渔网，也从来不射杀归巢栖息的鸟。曾子也曾转述孔子之言，说孔子认为“断一树，杀一兽，不以其时，非孝也”（《礼记·祭义》），即强调在不违背自然规律的基础上，在适当的时令进行采伐和捕猎的工作，如若不然，则是对创生人类的自然之天的不孝。孔子从形上学的角度将自然视作人类之父母，将人类社会的“孝”道贯彻至其天人关系中，这是其伦理化的天道观的典型表现。但孔子因其本人的理论重点在于探索人类社会的政道与

① 姚新中. 气候变化与道德责任：《礼记》中“天地”概念的当代伦理价值. 探索与争鸣，2015（10）.

治道问题，在具体的环境伦理思想方面并无太多论述。

较之孔子，孟子在这方面的思想则要具体细致得多。孟子的相关思想，建立在其性善论与仁政思想的基础上。孟子认为，人的道德来源于天所赋予的四种善端。人通过秉持天所赋予的“恻隐之心”“羞恶之心”“辞让之心”“是非之心”（《孟子·公孙丑上》）这四种善端，而在现实的生活中直接发展出“仁义礼智”的道德行为。人之道在于把握和实施上天所赋予人的善性，不断通过后天的道德修养实践，将人之道德禀赋开发并实践出来。“仁”正是其中最为重要的部分。孟子强调人所具有的“不忍人之心”（《孟子·公孙丑上》），并由之提出了“亲亲而仁民，仁民而爱物”（《孟子·尽心上》）的推恩主张，将其道德仁义之说贯彻至其思想的其他方面。具体而言，孟子亦强调在农业生产中遵循天时的重要性。孟子说：“不违农时，谷不可胜食也；数罟不入洿池，鱼鳖不可胜食也；斧斤以时入山林，材木不可胜用也。谷与鱼鳖不可胜食，材木不可胜用，是使民养生丧死无憾也。”（《孟子·梁惠王上》）这正是其仁政思想在环境伦理方面的重要体现。

《易传》确立了中国哲学宇宙生成论的基本思想，系统表达了儒家天人观的理论。《易传》的作者以高度抽象的哲学论证，表达了儒家伦理社会的理想目标。“立天之道，曰阴与阳；立地之道，曰柔与刚；立人之道，曰仁与义”（《易传·说卦·第二章》），古圣先贤以“仰观俯察”的方式创制了人类社会的法则，人类亦是大化流行的参与者，人道即通过继承和发扬天之创生与地之顺承的德性与能力，不断开辟鸿蒙，开物成务。《易传·系辞》中亦反复强调，虽然人类具有创造与实践的能动性，但人类文明本身始终不能脱离自然界而存在，人类社会的运转要受到自然规律的制约。天地人并立相参，人与天地万物处在永不止息的相互交流的过程中，“与天地相似，故不违。知周乎万物而道济天下，故不过。旁行而不流，乐天知命，故不忧。安土敦乎仁，故能爱”（《易传·系辞上·第四章》）。“与天地相似”就是要求人通过效法自然之天，顺应自然规律而进行生产生活。在《易传·文言》中，作者亦提出了“奉天时”的主张，强调君子应“与天地合其德，与日月合其明，与四时合其序，与鬼神合其吉凶”（《易传·文言·乾文言》）。这些内容均在《易传》中得到了系统的表达和形上学论证。

荀子与孟子不同，他从气质论的角度出发认为人性是人的自然材质，他认为，“性者，本始材朴也；伪者，文理隆盛也。无性则伪之无所加，无伪则性不能自美”（《荀子·礼论》）。人之自然本性具有“饥而欲饱，寒而欲暖，劳而欲休”（《荀子·性恶》）的特征，人因而具有“目好色、耳好声、口好味、心好利、骨体肤理好愉佚”（《荀子·性恶》）的特征。因此人之本性要受到礼仪的制约与礼乐的教化。在天人关系方面，荀子继承了《诗经》《尚书》以“天”为神的传统，并以“诚”言“天”，认为“天地为大矣，不诚则不能化万物”（《荀子·不苟》），而他也有“君子者，天地之参也”（《荀子·王制》）的思想，这与《中庸》是一脉相承的。但荀子着重强调“天”的自然义和规律义，认为“天”是不为而成、不求而得的，并在其著作中多次强调将自然天地作为万物生成长养的源泉：“天地者，生之始也”（《荀子·王制》），明确地将天地放在能生万物的本源地位。“天地者，生之本也；……无天地恶生？”（《荀子·礼论》）他在政治伦理层面上将天道与人类社会的治乱存亡剥离开来，认为天道即自然规律，并不与人事相摄，不以人的意志为转移，而社会的治乱亦绝非“天”主使。但他也强调遵循自然规律的重要性，尤其是在与环境密切相关的农业生产方面。他强调“明于天人之分”（《荀子·天论》），主张发挥人的能动性精神。他说：“强本而节用，则天不能贫；养备而动时，则天不能病；循道而不贰，则天不能祸。故水旱不能使之饥渴，寒暑不能使之疾，祆怪不能使之凶。本荒而用侈，则天不能使之富；养略而动罕，则天不能使之全；倍道而妄行，则天不能使之吉。故水旱未至而饥，寒暑未薄而疾，祆怪未生而凶。”（《荀子·天论》）他在此基础上提出了“制天命而用之”（《荀子·天论》）的思想，认为：“大天而思之，孰与物畜而制之！从天而颂之，孰与制天命而用之？”（《荀子·天论》）这说的是与其一味歌颂“天”之恩赐与思慕“天”之权威，不如掌握和充分运用自然规律，变自然之物为为我之物，使自然造福于人类社会。

从两汉到魏晋，中国哲学的整体气质发生了巨大的变化，表现之一便是“自然”这个概念在五六百年间的浮沉兴衰。由于“道法自然”这一哲学母题在传统中国思想史上的巨大影响力，更由于这里的“自然”确实是以人类生存其中的自然世界为其原型和重要依据，在传统文化体系内外的观察者都能感受到这一命题和生态伦理之间的天然亲近性，以至于海外中国哲学研究者也往往从中汲取资源。例如，20 世纪 80 年代后期曾有西方学者发表论文，认为中国古代道家“顺应自然”的思想，是当代“深层生态学”的古代思想源头①。《老子》一书不过 5 000 余言，“自然”在其中的出现不超过 5 次（包括了传世本和楚简本、帛书本、敦煌本等不同版本的《老子》中直接出现的“自然”连用），不过其中的“自然”概念和英文中的“nature”一样，内涵都经历了复杂的历史变化，并不能直接等同于现代汉语语境中的“大自然”。中国古代学者从《老子》文本诞生不久即开始了对其中“自然”这一概念的注释，例如，汉代托名“河上公”的隐士认为，“道法自然”的意思是“道性自然，无所法也”；魏晋时代青年天才哲学家王弼，则对“自然”概念进行了较充分的发挥，他针对《老子》第二十五章著名的“人法地，地法天，天法道，道法自然”做出发挥：

> 道不违自然，乃得其性，“法自然也”。法自然者，在方而法方，在圆而法圆，于自然无所违也。自然者，无称之言，穷极之辞也。用智不及无知，而形魄不及精象，精象不及无形，有仪不及无仪，故转相法也。道“法”自然，天故资焉。②

王弼的这段注文，成为随后魏晋名士“自然”与“名教”争论的重要思想资源之一。其高明之处在于赋予了“自然”两重内涵：一方面是蕴含在万物自然形象中的物理形态呈现（如上述引文中的“方”和“圆”），这包含有“演化胜过人为”的意蕴；另一方面又明确指出自然是“穷极之辞”，也就是人类无法用自身有限的智力和语言来对它做出

---

① Richard Sylvan，David Bennett. Taoism and Deep Ecology. The Ecologist，1988 (18).

② 王弼. 老子道德经注//楼宇烈. 王弼集校释. 北京：中华书局，1980：65.

精确的把握和描绘，“名教”显然出自人为，当然其哲学高度要远远低于“自然”。自然在演化过程中创造出了形态各异的万物，并且其自身是在形魄、精象、无形、有仪、无仪等若干不同演化秩序层位之间“转相法”，动力就在于自身，而不需要外来推动，被“名教”学者们推崇为秩序创始者的“圣人”当然也就没有了立足之地。

王弼这一理论思路给予其后的魏晋六朝学者以极大的启发，且有同时代学者沿着他指出的“于自然无所违”做了具体化的工作，对人们应该如何保养自然生命提出建议，例如，著名学者嵇康在《释私论》中说：“夫称君子者，心无措乎是非，而行不违乎道者也。何以言之？夫气静神虚者，心不存于矜尚；体亮心达者，情不系于所欲。矜尚不存乎心，故能越名教而任自然；情不系于所欲，故能审贵贱而通物情。”① 自从嵇康提出著名的“越名教而任自然”的口号后，这几乎成为当时名士们主流的生活方式，例如，阮籍不回避个人爱憎感情，“能为青白眼”；刘伶性喜饮酒放浪形骸，出门时常带着酒壶并让人拿着挖土工具，声称“死便埋我”；王弼去世后将要下葬，来吊唁的朋友们觉得王弼生前喜欢听驴叫，就逐一模仿驴叫声以做纪念。上述种种，在习惯了儒家“非礼勿言，非礼勿动”（《论语・颜渊》）教导的官僚那里看来是荒唐乖谬、不值得效法的，但是在名士们及其拥护者看来，这种放达自然的生活方式才符合人的性情。在这一思想延伸线上还有东晋著名的山水田园诗人陶渊明，他辞官归隐后创作的诗句如“采菊东篱下，悠然见南山”“久在樊笼里，复得返自然”等，已经成为驰名中外的中国古代隐士生活方式的代言符号。

值得注意的是，这一时期“自然”的概念上升并且对人们的生活世界发生影响，并不只局限在文学艺术等抽象层面，而且对具体的物质学科的探究和自然规律的认识也有着重要影响。研究中国古代科学技术史的学者曾指出，从东汉魏晋到隋唐这几百年，是中国古人在自然科学领域迅速崛起并取得重要领先成就的一个时段，除了大型公共工程建筑和

---

① 嵇康. 嵇康集校注：卷六. 北京：中华书局，2014：402.

农田水利技术之外，抽象的数学、矿物化学、生物医学等均取得了领先于世界的成就。例如，与王弼和嵇康生活在同一时代的魏晋数学家刘徽（约 225—约 295），不但主张用逻辑推理来论证数学命题，而且创立著名的“割圆术”，用无限逼近的思想来计算圆周率，被后世学者认为和近代数学微分法有异曲同工之妙。刘徽这一思路被 200 多年后的南朝数学家祖冲之父子继承，祖冲之计算出的 π 值精确到小数点后第七位，并被记录在 7 世纪时编纂成的《隋书》中，使中国学者在圆周率计算方面长期保持领先。道教理论家葛洪，同时也是一位重要的实验化学家和医学家，他通过多次实验观察，认为道士炼丹时经常使用的几种原料若放在一起加热，会发生特定的化学反应而产生新物质，葛洪也注意到青蒿这样的自然物质在低温状态下的浸泡液可以治疗疟疾（这项发现因为 21 世纪的中国学者屠呦呦获得诺贝尔奖而广为世人所知）。

魏晋六朝是中国本土宗教——道教孕育、产生、发展和成熟的重要时期，道教和春秋战国时期的道家固然有相当密切的思想源流和继承关系，但也存在明显的重心差异。从环境伦理的角度看来，以老子、庄子为代表的先秦道家更多强调对自然界的随顺无为，不主张利用人类智力对神秘幽远的“自然”进行探究，当然更不会产生主张战胜或者“征服”自然这样的观念，这和老子、庄子等独立思想者自身的生存状态是密切相关的。而到了东汉后期，随着社会阶层贫富分化的加剧和多种社会危机逐渐浮出水面，具有集体行动性质的宗教教团活动就成为时代的新需求，人和自然的关系也从随顺养生为主逐渐变成了可以相互为用。传说中的道教祖师张道陵在蜀地创立天师道时，就曾经发动和使用当地的自然、山川、鬼神的力量来降服危害百姓的“鬼卒”。虽然只是传说，但也反映出当时人们认为道教的神仙祖师已经拥有某种神秘力量，可以控制和改造自然界中那些不符合伦理道德原则的存在物，并且这种力量是值得探究和追求的，这成为此后道士修炼丹药和发展符箓法术的重要思想基础。

根据现代学者基于中西哲学比较的研究考察，中国古代的“自然”概念如果要在西方哲学史上寻找对应的内涵，它起码要有两个层面的含义：第一个是外在自然环境，即我们熟悉的“nature”，人类及其族群是自然环境的一部分；另一个是内在于万物本性的“自然”，即“spontaniety”，这是指事物中蕴含的“成为其所是”的本性①。后一种含义在欧洲思想史上的渊源更为古老，据有关学者考证在《荷马史诗·奥德赛》中就有对这种“自然”的描绘，而且正是基于对某种特定植物本性的观察，突出其中“生长”的特性，这和中国古代“自然”论中暗含的“创造生成”意蕴是基本相符的。从另外一个角度来看，欧洲思想史上“自然”的这两种内涵并不是相互割裂的，因为我们身边自然环境的无限生机，正是来源于万物自身都能充分生长伸展并“成为其所是”，自然环境就是“多”的可能性展开后汇合而成的“一”，是“一”与“多”的辩证呈现。

总体说来，中国很多学者在这一时期把大量的精力投入观察和研究自己生活的环境中去，对其中的若干领域进行了深入而系统的研究，并且这些研究成果被记录在相关著作里，成为古代先民认识自然规律获得重要进展的标志。道教在中国社会拥有的特殊生命力，使与道教相关的一些环保理念，如不得擅自大量砍伐森林、不能纵火烧山开荒、不得肆意猎杀飞鸟走兽、对特殊矿产资源的取用要有节制等，通过道教善书和神话传说的方式流传下来（例如，在近现代影响较大的民间善书《太上感应篇》中，对于“射飞逐走，发蛰惊栖，填穴覆巢，伤胎破卵”“用药杀树”“春月燎猎”等破坏生态平衡的活动，就界定其为严重的恶行，告诫人们切勿如此），客观上激发和保持了人们的环境保护意识。道教的养生修炼方式主张节欲少食，道士所居住的环境多半选择在山清水秀、风清气畅的自然岩洞和土木建筑之中，他们勤于锻炼和发掘自然生机，多能享有较长的自然寿命，这种“示范伦理”无疑也加强了渴望益寿延年的普通人对道教“环保生活方式”的信服。因此可以说，在保护自然环境生态平衡、倡导人与自然和谐共生方面，道教所倡导的“道法自然”的生活方式和理念原则，在当下和未来都是充满生命力、值得提

① 冯沪祥. 中西环保哲学. 北京：北京大学出版社，2016：111.

倡和效法的。

隋唐两代是中国历史上民族大融合后大规模的统一帝国持续统治的时期，当时形成的很多伦理制度和思想文化遗存，直到今天仍然发挥着不小的影响力。而且在这一过程中，“重生”“贵生”的思想也被拓展到自然界的其他生物，由于这一时期外来宗教——佛教在中国南方和北方广大区域都获得了迅速发展，佛教的“众生平等”“不杀生”“一阐提皆有佛性”等观念也被很多中国人所接受，这成为魏晋南北朝以来佛教教义主张尊重生命、保全万物自身生理的重要支撑，也为后期中国环境伦理的进一步发展提供了新的理论资源。鉴于隋唐时期佛教处在统一多民族国家内的重要信仰的地位，以及这一时期佛学理论的高度发达，这里有必要对佛教的环境伦理思想进行简单的介绍。

佛教在印度本土创立和发展时期，“不杀生”即作为其基本教义确定下来，但并未明确规定禁食所有肉类，后来佛教经过南亚西北部和中亚等地传入中国后，这一教义得到了具体的阐释和落实。传说是中国南朝著名崇佛君主梁武帝首先制定了佛教信徒不得食肉的戒律，并以国家力量配合宗教僧团推进落实，此后“僧尼素食”成为汉传佛教的一条基本戒律得到历代奉行，也是佛教生态伦理思想的重要特色之一。如果说“不杀生”是一种消极的保全性伦理思维（规定了“不得”做某些事），“众生平等”“利乐有情”“一阐提皆有佛性”等大乘佛教教义则将佛教的环境伦理思想提升到了积极有为的层面，尤其是其中的“菩萨道”思想，为原来印度本土的小乘佛教所无，而在中国影响较大的佛教宗派几乎都有菩萨观念，这也使中国化佛教的环境伦理思想远比其诞生地印度本土发达。在唐代佛教中影响较大的宗派如天台宗、三论宗、唯识宗、华严宗等宗派的高僧，不少人曾就如何对待“有情众生”及其生活的自然环境等问题发表过观点，下文尝试选择其代表性观点进行简要论述，以反映这一时期佛教理论中与环境伦理有关的丰富的思想资源之实际形态。

对唐代和后世影响极大的佛学理论大家玄奘法师，从印度求学多年回国后的一项主要任务，就是组织当时朝廷一流的学术翻译力量，把篇幅庞大的《大般若经》600 卷从梵文翻译成汉文。这部综合性经典对佛教的自然观做出了相当详细的论述，而其中的主要宗旨之一就是“般若与菩提相映”，不应该只是以静态二分的眼光看待整个自然界，像世俗观念那样认为山水云石只是无生命无觉知的物体，而应该将自然万物均看成精神贯注的实体，这和当代西方环保学者所倡导的“心物合一”世界（psycho-phisical world）的观念十分接近。《大般若经》被后代汉文《大藏经》列为全藏之首经，或正因为其涵盖了从宇宙自然到人类身心的完整解释系统。依据此经的方法论，现在人们认为“客观真实”的物理世界，首先应该从人类自身的“五尘”境界（色、声、香、味、触）构成的感性觉知世界去认识，因为人类的主观认识并不是直接达到物体自身，而是依赖于“五尘”的传递形塑，经过“五蕴”认知范畴的整理，形成色、受、想、行、识的意义系统，并经过多层次的提升，最后才能形成“万法平等”的光明佛性认知。

谈到平等，这可以说是佛教教义中特色最鲜明的伦理观念之一，也是佛教以慈悲心对待众生，倡导“慈航普渡”的基本理论前提。佛教传入前中国本土思想中虽然也有一些平等思想的片段（例如，孔子说过的“有教无类”，《庄子》里的“万物齐同”），但并没有形成系统的平等观念体系，儒家的“礼别尊卑”“爱有差等”在近代以来更是饱受攻击，认为这是中国古代主流思想维护等级特权、缺乏民主平等的直接证据（其实欧洲古代也没有近现代意义上的民主平等，所谓古希腊“民主”，是建立在多倍于雅典公民数目的奴隶劳动之上的）。而佛教从自身的基本理论范畴（四谛、八正道、十二因缘等）出发，对“众生平等”进行了深入充分的论证。依据中国很多民众都很熟悉的《般若波罗蜜多心经》的简要概括：众生的存在及其差别都是不真实的，在常人眼里看到的物质世界成住坏空、有无变幻都是因缘和合而成，正所谓“色不异空空不异色，色即是空，空即是色”；经过一定期限的修行证悟，就可以明白“空中无色，无受想行识，无眼耳鼻舌身意，无色声香味触法，无眼界乃至无意识界”[①]，无我无常的现象世界本质上是幻相和假名，执着

---

① 陈秋平，尚荣．金刚经·心经·坛经．北京：中华书局，2016：133-137．

于幻相属于妄见，而因缘滋长于此妄见之上的“分别心”则更加错误，是“颠倒梦想”的现实根源。因此，从对世界万事万物诸般实相的认识解构出发，佛教认为一切法、一切相本质上平等，众生平等的伦理观念也由此奠定了其深厚的认识论和方法论根基。

既然众生从理论上享有平等的生命尊严，推而广之万类众相也都具有独立的生命可能性与意义（只要时间无限，眼前的无机无生命物终将有机会演化成为生命体的一部分，而现实中的生命有机体终结之后，也会有相当一部分原属于生命体组成的无机物回归自然界，不再有感受觉知），从佛教观点来看，觉悟后的人类面对大自然会油然生起大悲心，并由此产生真正与世界联通的菩提心，在中国佛教信众中间影响很大的《普贤行愿品》将此一过程总结为“因于大悲，生菩提心；因菩提心，成等正觉”（《大方广佛华严经·普贤行愿品》）。众生平等并不是由于人类对比自己弱小的物种的怜悯，而是由于这些微末生物甚至无机物本身蕴含佛性的一部分，遇到恰当的机缘，它们也有可能像佛经里面反复称颂的“放光如来”那样，作为佛性佛身的一部分，向人们展示华藏世界中万类并育、众生竞争的绚烂景象。由此可见佛教的环境伦理思想比道教和儒家更为彻底，它甚至超脱了人类中心的伦理观，主张宇宙演化过程中的一切相态都值得尊重，这种激进的“万物平等共存”的环境观念，到了20世纪最后的1/4时段，才逐渐在世界上原来没有佛教思想流传的其他地区取得了较多认同。

值得指出的是，佛教初传进入中国后的几百年，历程并非一帆风顺，从汉朝末年起，有关佛教伦理是否适应中国社会现实生活秩序的争论一直在持续，某些主题如现世苦乐与涅槃真实、善恶报应的灵验虚实、剃发变服与礼仪观瞻、沙门应否礼敬王者、出家独身与延嗣全孝等，均曾在当时的知识群体和王公贵戚之间引发重大争论①。不过由于历史的眷顾，尽管中国社会在隋朝之前的300多年长期处于分裂状态，儒、释、道等不同信仰体系之间的理论斗争，并未像后来欧洲的基督教

① 相关辩论命题及论证过程可参考：释僧祐．弘明集．北京：中华书局，2013．

派分裂那样引发宗教战争或者严酷的宗教异端裁判，伦理思想和道德生活层面的争执并未将整个社会政治群体牵涉进去（这一时期发生的“三武灭佛”都与特定的政治背景和经济需要有关，且只持续很短时间）。这一方面是由于中国的传统政治体制相对于各种宗教长期保持疏离和中立，统治群体不会完全附和某一种极端教派的教义来治国；另一方面也是由于儒、释、道三家对环境和生命都保持着相当程度的爱护和敬畏，儒家称颂“生生不息”，道家主张“万物有道”，佛教更是主张“利乐有情”，从理论禀赋上来说三家都没有要断绝对方生机的企图，在争斗最激烈的时候，它们提出的现世政治建议多数是要求将异端思想驱赶至华夏文化中心区之外，而不是将对方彻底消灭。因为对于自然生命的宽容保护而导向对异端思想的宽容，可以说这是环境伦理思想对于一般“思想生态”的独特贡献，也是中国古代环境伦理观念的一个重要特色。

三、“天人合一”的精神境界与伦理意蕴

宋明儒者在更高层面上继承并阐发了传统儒家“天人合一”的思想，并为之提供了精致而丰富的形上学论证。“天人合一”之说在宋明时期进入了一个全新的发展阶段。

张载在其“气本体论”的思想基础上提出了“民胞物与”的思想。他由其“天性”“天德”等主张得出了“视天下无一物非我”的思想。他从“万物同一”的本源论出发，以“尽性”“大其心”“肖天”为境界追求。在他所架构的生态伦理中，“人”是伦理思考上的起点，人与自然共亲一体，人之道德修为是人用以完成人与万物同为宇宙中之一分子所应承担的义务而已。张载所要强调的，是人之感通万物、成就万物并引领万物至和谐之境的义务①。他说：“乾称父，坤称母；予兹藐焉，乃

① 笔者在此参考并吸收了当代学者东方朔的观点。参见：东方朔．从横渠、明道到阳明：儒家生态伦理的一个侧面．香港：香港中文大学出版社，2005：23-24.

混然中处。故天地之塞，吾其体；天地之帅，吾其性。民吾同胞，物吾与也。……存，吾顺事，没，吾宁也。”（《正蒙·乾称》）他主张人与天地万物同源一气，具有息息相通的紧密联系。人对他人应当像对同胞一样相亲相爱，对万物也应将其视作伙伴，兼爱世间万有。

程颢特别强调“天地之大德曰生”的生生精神，并认为生生之道即体现在天地万物的发育流行中。人与万物皆是大化流行之物，皆具有此生德、生理。而这一生德、生理，即仁。他说：“仁者，以天地万物为一体，莫非己也。认得为己，何所不至？若不有诸己，自不与己相干。”（《二程集·元丰己未吕与叔东见二先生语》）在他看来，对圣人或“仁者”而言，天地万物与其生命相接，气息相通，血脉交融，并不是与之相异的外在者。天地的“痛痒”即仁者自身的“痛痒”，天地的“畅遂”即仁者自身的“畅遂”。而人通过“识仁”与“诚敬”等道德修养活动所达到的理想之境，即“仁者”的“浑然与物同体”之境，达到此境界之人，即能如爱惜自己的生命和身体一般切实地关心和爱护世间万有。但值得注意的是，因程颢将“仁”视作众德之源，所以他所重视的“与物同体”之“仁”，亦包含“义礼智信”等其他德性，这便使其理论与墨子的“兼爱”、庄子的“道通为一”、佛教的“慈悲”等思想具有相当大的区别。

王阳明的学说因其包含丰富的环境和生态伦理思想而多被学者重视。大体而言，王阳明从道德心的根源性和心之体用关系的角度进一步阐发了“万物一体”思想。王阳明从作为形上本体的良知出发，认为“心外无物”，并试图以此论证“万物一体”。他将“物”解释为“事”，其所谓的“物”实际上具有不同层次的意义。王阳明学说所要论证的，是人与物在本源上的一体联系，所呈现出的乃是人与万物相融一体的状态。在这种状态中，人与山川草木、飞禽鸟兽之间的世界就不仅仅是一种属人的或者属物的“环境”，而是人与物的“共境”。人因自然万物而获得明证，自然万物因人而得以彰显①。他认为，“人心与天地一体”，

① 东方朔．从横渠、明道到阳明：儒家生态伦理的一个侧面．香港：香港中文大学出版社，2005：74.

“故上下与天地同流”（《传习录·卷下·门人黄省曾录》），正是因为人心与天地的同构性，使人“与天地万物一体”。王阳明又强调说，“仁者以天地万物为一体”，“使有一物失所，便是吾仁有未尽处”（《传习录·卷上·门人陆澄录》）。物之失所，实际上便是物不能遂其生、尽其用的状态。王阳明在此强调的是，要凸显人在大化流行中的责任，这一责任即参赞化育、遂生化物。他要求人真切意识到人与自然万物的一体性，并以遂物之生、化物之用作为自身道德义务。此外，王阳明亦强调“一体之仁”中具有“差等薄厚”，他说：“比如身是一体，把手足捍头目，岂是偏要薄手足其道理合如此。禽兽与草木同是爱的，把草木去养禽兽，心又忍得；人与禽兽同是爱的，宰禽兽以养亲……心又忍得；至亲与路人是同爱的，如箪食豆羹，得则生，不得则死，不能两全，宁救至亲，不救路人，心又忍得”（《传习录·卷下·门人黄省曾录》）在王阳明那里，就逻辑上言，人物同体同源意味着人与物之间皆是同胞手足，应当分享平等的地位与价值。但是这一平等的仁爱原则，实际上只能体现在理想境界的层面，而不能在现实层面予以机械照搬落实。禽人、人我之间的现实张力是无法弥合的，我们无法应良知本体的发用抑或“万物一体”的主张而抹杀禽人、人我之间的差等。这不得不说是阳明学乃至整个宋明理学“万物一体”思想的内在特征，也是其在环境伦理层面上一大无法弥合的张力所在。

颇为有趣的是，明代已有学者对“万物一体”思想进行了辩证的理解。明代晚期有学者曾经讲过这样一个笑话：有一儒者坐论“万物一体”，忽有一腐儒进曰：“设遇猛虎，此时何以一体?”另一腐儒对曰：“有道之人，尚且降龙伏虎，即遇猛虎，必能骑在虎背，决不为虎所食。”周海门（字继元，别号海门，1547—1629）笑而对曰：“骑在虎背，还是两体，定是食下虎肚，方是一体。”闻者无不大笑[①]。由此可见，明代学者已经从较为辩证的角度理解“天人合一”这一大命题下的天人关系、人与自然关系等问题，绝不是空洞、机械地强调“万物一

① 冯梦龙. 古今谭概：修订本. 北京：中华书局，2018：25.

体”。这亦成为明清之际学者探讨和反思“天人合一”“万物一体”思想之先声。但这同时也说明，“万物一体”的天人观本身所具有的张力与矛盾仍然未能得以解决。

明清之际，以王夫之、顾炎武、黄宗羲为代表的思想者在接续宋明儒学问题和意识的基础上，在宋明理学的思想土壤上发展出了崭新的思想内容。这些思想内容中，已经闪现着现代性精神的微光。在“天人合一”观方面，王夫之明确提出“以人道率天道”，主张发扬“人道之独”以彰显人之主体性与能动性。王夫之除同传统儒家一样强调仁人要在人伦社会中践行仁爱精神之外，还从人道与天道之别的角度出发，强调了人“恃天之仁”不断发挥自身能动性，将自然物作为张扬自身人性的重要资源。王夫之说：“‘立人之道，曰仁与义’，在人之天道也。‘由仁义行’，以人道率天道也。‘行仁义’，则待天机之动而后行，非能尽夫人之所以异于禽兽者矣。……由仁义行，大舜存人道圣学也，自然云乎哉！”[①] 人应当主动发挥其道德的主体性和能动性，“君子自存其仁，不为境迁，则物不能累己，而己亦不致为物之累，则因物之利而利之而已”[②]。与传统儒家有所不同的是，王夫之提出了“不以仁民之仁爱物”的主张。他说：“天地之塞成吾之体，而吾之体不必全用天地之塞。故资万物以备生人之用，而不以仁民之仁爱物。天地之帅成吾之性，而吾之性既立，则志一动气，斟酌饱满，以成乎人道之大用，而不得复如天地之帅以为帅。故喜怒哀乐有权，而生杀不可以无心为用。”[③] 王夫之所言若放到今日，势必会引起当代动物保护主义者的激烈反对，但王夫之并不是要求人类成为只顾自身发展，不顾保护环境的自私自利的种群，而是试图以激进的语言唤起人之为人的道德承担与道德主体性精神。且就现实而言，人类在任何时候都无法做到“以仁民之仁爱物”，空谈“万物一体”而否定人之生存之需是不切实际的。王夫之所要强调的重点在于：人应当以内心的道德自觉意识去支配自身的行为，在任何时候

① 王夫之. 船山遗书：第 12 册. 北京：中国书店，2016：191-192.

② 王夫之. 船山全书：第 12 册. 长沙：岳麓书社，2011：205.

③ 同①193.

都要保持人之为人的能动性和主动性，不能对所谓的天道自然听之任之。这便是其“人道”与“无心为用”的“天道”的根本区别所在。王夫之也强调：人本是自然界的一部分，乃是从自然界中进化而来，从这一角度上看，将“人之道”视作“天之道”也未尝不可，但“人之道”与“禽鱼之化”是完全不同的，区别即在于禽鱼只能“任天”，而“人之道”则有“相天”“事天”的重任。倘若将“天之道”完全等同于“人之道”，那么“人道”也就丧失了“人之独”的特征。这样融天人为一体的思想是一种精神境界，但也可指向现代意义上的生态伦理，因此，受到当代西方伦理学家的高度重视，被称为深度生态学（deep ecology），为论证生态的内在价值提供了理论的支撑[①]，也可以作为东西方现当代伦理思想交流对话的重要共识基础。

正如本章前面在论述中国魏晋南北朝的“自然”思想时曾提到的那样，古代东西方“自然”的内涵其实在很多方面存在重合，只不过近代以来欧洲机械论思维发展和工业革命取得的巨大成就，使一些人被改造自然的暂时胜利所蒙蔽，误以为只靠人类思维对自然现象的精准预测和有效把握，就足以实现人类的大部分理性计划。这种自信在一段时间内支撑了欧洲与美国的探险家、发明家挑战自然秘境和人类极限的行动，激励人类取得了改造自然界的巨大成功，为资本主义在全球的扩张提供了丰厚的物质基础。随着现代采矿、冶炼、化工等一起产生的是工业污染问题，在很长时间内被资本主义财富不断扩张的表象所掩盖，使人们误以为这种代价“值得”或者可以转移到其他人类尚未开垦的地方。自从 20 世纪中期起，几次大规模的环境污染公害事件引起公众关注后，环保逐渐成为世界多数国家的共识。

尽管从世界工业化历史全景的角度来看，英、法、德等欧洲国家的工业化进程都早于美国，工业化带来的环境污染和“公害病”在欧洲也出现得比美国早，但较早提出较鲜明的环保观点的主要是美国学者。例如，有感于美国中部平原地区常年过度放牧和滥砍滥伐导致的水土流失

---

① 诺兰，等. 伦理学与现实生活. 北京：华夏出版社，1988.

和生物种类减少，美国生态伦理学家奥尔多·利奥波德（Aldo Leopold，1887—1948）明确提出："最初的伦理观念是用以处理人与人之间的关系，后来扩展到处理人与社会的关系。但是，迄今为止还没有一种处理人与土地，以及人与在土地上生长的动物和植物之间的伦理观。"奥尔多·利奥波德的著作《沙乡年鉴》在美国国内被视为"绿色《圣经》"。在他之后又出现了著名的女性海洋生物学家、环境伦理学先驱蕾切尔·卡逊（Rachel Carson，1907－1964），她以其掌握的大量生物学、化学、病理学和昆虫学资料，用文学笔调撰述了美国各地大量使用 DDT 等化学杀虫剂导致鸟类生存受到威胁的事实，其著作《寂静的春天》1962 年在美国出版后迅速引起公众广泛关注，成为几十年来环保运动的代表性作品，她本人也被尊称为"现代环保运动之母"。此后美国又陆续涌现出巴里·康芒纳（Barry Commoner，1917—2012）与霍尔姆斯·罗尔斯顿（Holmes Rolston，1932— ）等关注环境伦理的著名科学家，他们提出的若干命题如"自然最有智慧""走向根本意义上的生态伦理只能出于对自然的热爱"等，也成为当代环境伦理学重要的讨论主题。笔者认为，美国学者之所以在环境伦理问题上能屡屡先于其他国家的学者发声且形成较为系统的理论，一方面是由于美国现代文化中有较重的自然主义倾向，例如，被美国文学界奉为经典的梭罗的《瓦尔登湖》，就流露出对自然与人和谐宁静相处的真诚向往之情；另一方面则是由于美国现代科学体系的完整和传播媒介的发达，使科学家对环境问题的关注容易在学术界取得跨学科共识，也容易获得公众的关注同情。相比之下，20 世纪前期西欧空气河流的污染和"酸雨"毁坏森林等现象相当严重，但是囿于学科分工和媒体立场，这些事件在本身得到解决后并未产生进一步的环境伦理成果。还有个不容忽视的事实是，被美国很多学者和普通受教育公众重视的自然主义思潮，在美国受到的重视远远超过欧洲，这种倡导人与自然和谐相处，强调人与土地、森林之间共存共荣的思潮，在美国也是一种源远流长的传统。相对于欧洲自 17 世纪由"自然神论"演化而来的机械主义自然观，美国知识界在人与自然环境关系上所持的立场似乎更接近中国的"天人合一"，尽管两者的思考前提和方法背景有着重大差别，如果在环境伦理视野下将“天人合一”解释为“人与自然在精神和物质两方面都和谐共处，并且能从彼此那里汲取持续存在和繁荣的力量”，相信在现代哲学和伦理学语境中能够获得不少人的认同。

四、传统环境伦理的现代价值及局限

中国人的环境伦理与“生生不息”“万物一体”“天人合一”的宇宙观，“以天地为本”“道法自然”“天行有常”的本体论，“敬畏天地”“护生惜福”“德荫子孙”的伦理观以及“天命不可违”“轮回托生”“善有善报”的宗教信仰密不可分。然而经过近现代 100 多年以来中国社会因工业化而发生的深刻变迁，“天地”“福德”“报应”等观念中蕴含的精神、宗教色彩逐渐褪去，中国人的伦理世界也走进了马克斯·韦伯所说的“祛魅”时代，然而摒弃“天人合一”观念中非理性的神秘主义成分，并不意味着要排斥其中深沉广大的环境伦理关怀，上文结合欧美环境伦理思潮发展所做的对比，或许正可以为传统“天人合一”论在现代的创造性转化和绵延性发展，提供一个可资参考的思维方向，使我们更容易看到：中国人智慧中所蕴含的深沉广大的环境伦理关怀，在现代依然显示出其绵延持久的道德意义。基于前文对中国儒家“生生不息”“天人合一”“万物一体”等伦理特质的简要回顾，我们可从以下几个方面，来概括传统环境伦理的理论特色：

（1）生道通于仁道，人道原则与自然原则的统一。儒家强调：生之德即仁之德。人在体仁的过程中同时能体会到天地生物之理，《礼记·中庸》中所强调的“其生物不测”即此意。在这一过程中，万物并育而不相为害，所以养人养物，正人正物。儒家强调以提升自身道德修养与精神境界观照和体察世间万物，要求不断推扩自身善性，并以之负载、浸润万物。这一层面展现了儒家环境伦理思想的理想层面，如王阳明所言“使有一物失所，便是吾仁有未尽”（《传习录·卷上·门人陆澄录》）

就是。但儒家思想并非只有理想而不顾现实，儒家从形上层面高论生物、成物，但也有尊人、尊生的现实主义层面，要求在“奉天时”的基础上满足人之生存发展需求，以“取之有度，用之有节”（《资治通鉴·唐纪五十》）为根本原则来“取精用物”。

（2）在参赞化育中成己成物，重视发挥人作为“三才”之一的主体性与能动性精神。儒家十分强调人乃“天地之心”，将人视作万物之灵，认为人不仅具有特权，更为重要的是具有与天地相参、参与大化流行、开物成务的重大责任。天作为善性与价值的源头，要依赖于人才能发挥其功用、彰显其价值。儒家以天地生生之德和圣人与天地合其德为基本依据，既强调了人与天地的统一，又强调彰显人与自然之物的区别以及人之能动性特征。这一点在明清之际的早期启蒙思想家的理论中表现得尤为突出。

（3）爱有差等与万物一体的张力。在人与物关系方面，儒家环境伦理在追求“万物一体”的过程中亦具有典型的差等秩序，二者之间存在着一定的张力。一方面，从儒家所追求的理想与本源的逻辑上，儒家倡言万物一体，主张达到无我之境，消弭物我、人己之别；另一方面，在现实实践中，儒家强调设立差等厚薄的原则，要求由近及远、由亲及疏推行其仁爱精神，这一点使儒家的环境伦理观呈现出强烈的现实主义甚至是目的论的色彩。张世英先生认为，“万物一体之仁”并不意味着要消弭人物之间的伦理道德界限。“仁”论中应当包含差等的因素在其中。张先生提出：“人与自然的和谐相处，也并不要求我们像西方非人类中心主义所主张的那样，把自然物看作与人具有同等价值、具有同样的道德意识，以对待人的爱心那样去同等地对待其他生物和非生物。……用道德意识、人的价值观念对待人以外的自然物，有如对牛弹琴，是无意义之举。”[①] 张先生的说法，可谓是从道德哲学的角度出发对中国传统环境伦理中“人类中心主义”的一个辩护。无论如何，从现代非人类中心论的环境与生态伦理学的视角来看，人类生命与自然界的有机联系本身

---

① 张世英．境界与文化．成人之道．北京：人民出版社，2007：200.

就是一个客观事实，我们应当对人类的道德主体地位进行重新定位。人类为保障自身生存、满足自身发展需要而利用自然资源的诉求始终都是合理的，但这应当以尊重人类之外的生命存在与遵循自然之道为根本前提。

当代社会生态环境问题的严峻性，大家有目共睹。各国都在积极寻求解决当前问题的道路。在当代人与自然伦理关系的价值体系重建过程中，儒家环境伦理思想及其精神，因其独特生命力与现实启发价值而应当占有一席之地。中国传统儒家虽然具有极为丰富的环境与生态伦理的思想内容，但始终未形成理论化的环境伦理体系，而这些思想也不免存在诸多局限。如何能够实现取其精华、去其糟粕，彰显儒家环境伦理思想的价值，使之成为解决现实问题的良药，是我们必须要思考的重要问题之一。综上所论，传统环境伦理的现代价值，可以大致归纳为以下三个方面：

第一，儒家以其“天人合一”的思想为根底，始终强调人与自然的和谐共生。这一思想建立在人类与天地万物的同源性、生命本质的统一性上。人类作为世间万有中的一种，与其他生命共享着根源与生存空间。原则上讲，人类与所有生物都是平等的。此外，人类作为生命而言，并不能脱离其他万物而单独存在，只能与其他万物相互依存。“天人合一”是中国传统环境伦理的比较原始与朴素的表达形式，但这一表达是以人类最为直接的生命和生存经验为基本依据，着重阐发了人类与自然万物的内在连续和有机联系。

第二，人道原则与自然原则的协调，这不仅是中国传统环境伦理的主要特色，也是其独特价值之一。中国的“天人合一”思想，强调天道与人道之贯通，儒家的环境伦理思想并没有人类与自然的二分，并不是一味把自然作为利用和改造的对象，而是强调人与自然的有机动态平衡关系。中国传统儒家关心的重点在于人类社会的政道与治道，并在一定程度上要求以人道来塑造天道，使天道符合自己所追求的人道目标。儒家思想在其漫长的流变过程中，不断论证“仁义礼乐”制度的当然性与合理性，并将其与万物生长的自然法则联系在一起。根据儒家的相关思想，人类社会中的“仁义”等伦理法则，与自然法则亦是连续与一致的。由此，人际道德便能够扩展至自然领域之中。而且儒家进一步按照生命和万物的现实境域来采取合理的道德行为，为妥善解决利用自然资源与善待自然环境之间的矛盾提出了自身独到的见解。中国传统环境伦理中的自然原则与人道原则的协调，人类社会的发展与自然保护相统一的观点，在今日仍然具有其深刻性的方面。

第三，儒家强调以仁德来对待天地万物，这亦是儒家传统环境伦理的独特价值之一。儒家传统思想强调，生命同出一源，万物皆生于天地。由道和天地所创生的万物皆具有其内在的价值。儒家主张效法天地之德，要求人们尊重生命，爱护万物。万物都是天地自然化育的结果，也是天地仁德的重要体现。人作为天地之心、世间最灵，其应当秉承天之仁德，体天地之化，明生生之理，并参赞化育，开物成务。人类在利用万物时应当遵从万物生长之理，对万物加以合理利用。前文已述，儒家对生命的博施仁爱并不同于道家、墨家等平等泛爱万物的思想，儒家强调按照亲疏关系由近及远，由人及物，以差等秩序推扩仁爱精神。天地生生之理对人和物而言都是统一平等的，但从人与物各自所体现出的生生之理的展开与实现程度而言，还是存在差别的。而这一点，对于弥合当代社会人类中心主义与非人类中心主义之间的对立差别，具有一定的理论意义，即促使我们重新思考究竟是为了人类的利益去保护环境，还是为了自然本身的存在而保护环境哪一点更为重要这一根本的理论问题。传统儒家环境伦理的这种立场，及其建立在差等秩序上的生养万物、关爱万物的现实精神，或许能够为解决现代西方环境伦理从抽象原则出发，却在具体的环境和生态境域上出现道德选择的种种偏执与片面性的问题，提供一些可能的解决方案。

但中国传统儒家环境伦理思想并非尽善尽美，其思想本身亦有诸多局限性。概而言之，可以分为以下两个方面：

首先，儒家传统环境伦理思想脱胎于中华民族长期的农业文明，缺乏近代以来西方以科学作为理论基础的技术形态，对生态环境的保护局限于实用性，没有发展成为系统的操作并由此构建出必要的程序和方法工具体系。随着时代的发展，中国亦被裹挟进入全球化、工业化与现代化的浪潮之中，在传统的农业文明的生产方式下所形成的环保与生态思想，其中一些保守的内容（如要求农业生产机械遵从自然四季节令），并不能完全适用于当代社会。

其次，儒家传统环境伦理中人对自然的认识利用及其思想的形成，主要来源于直接的生存经验，缺乏面向对象的理性分析和逻辑论证过程，换言之，即缺乏科学理性，因此并没有形成自然规律的概念。儒家过分重视“德性之知”，强调环境伦理中的道德性与伦理性，使儒家传统环境伦理未能跳出纯经验感知的制约，未能更为深刻地认识把握自然和生态规律。

第6章

面向世界的中国伦理智慧

6 面向世界的中国伦理智慧

中外文明的交流与融通自古有之，不同形式的交往之路不仅互相传送着东西方物质成果、技术成果、自然物种以及人工制成品，也双向输送着价值和伦理的观念，这对于文化的交互影响具有重要的价值。来自西域的佛教轮回观、心性说、认识论和因果报应等，在中国大地上广为传播和变迁，日益融入汉文化的主流伦理，得到了多数中国人的认同，成为中国人伦理的一部分。伊斯兰教的东传，虽然仅限于宗教和少数民族文化的层面，没有如佛教那样曾成为汉民族主流意识形态，但在风俗民情上提供了迥异的参照系，影响深远。近代以来的西学东渐和东学西渐，更是把中西文明交流、伦理碰撞和文化融合推到了顶峰，中国人的传统伦理不仅受到了 18 世纪部分西方学者如法国的伏尔泰、德国的莱布尼茨的推崇，其自身也在很大程度上获得了改造或改变，逐渐成为蕴含着东西方伦理价值、既具有中国特色又面向世界的一种伦理智慧。

一、中国人伦理特质在全球化时代的表现形式

关于当代中国伦理如何与“全球化世界”或者“新天下时代”相适应的问题，最近十多年逐步成为学界讨论的热点，有学者指出：针对这种新形势，“一种世界的视野和广泛的吸收各国政治与伦理转型的新经验也是必不可少的”[①]。正因为如此，我们首先不得不面对近代以来中国伦理在与外部世界交流碰撞、吸收借鉴过程中所积累的那些“新经验”。在现代以英语为主导学术语言的国际伦理学交流中，对中国古代和近现代伦理思想的阐释也大部分是由英语国家的学者做出的，这从半个多世纪以来国内外学者编纂的几种影响较大的海外中国学研究论著的目录中便可看出一二[②]。由于改革开放以来，在中国的基础教育和留学教育中

---

① 何怀宏. 新纲常：探讨中国社会的道德根基. 成都：四川人民出版社，2013：87.

② 孙越生，陈书梅. 美国中国学手册：增订本. 北京：中国社会科学出版社，1993；张海惠. 北美中国学：研究概述与文献资源. 北京：中华书局，2010；朱政惠，崔丕. 北美中国学的历史与现状. 上海：上海辞书出版社，2013.

英语占据着相对重要地位，对于中国的很多学者和留学生而言，接受英语世界里的“中国伦理观”并不困难，或者说没有太多隔阂。但是由于 20 世纪西方哲学整体转向分析哲学，以分析哲学为主要内容的“纯粹哲学”才是国际学术会议和期刊论文交流的主阵地，加上 1949 年后中国与西方世界的长时间隔离，使中国伦理学的研究似乎和西方主流的“智慧论辩”保持着一定距离。外部对中国伦理的观察也没有能够在方法工具的更新上与主流哲学保持同步，不少著作仍然停留在初步的思想概况介绍层面，并沿袭了一些从传教士汉学时代就已经形成的针对中国伦理的“刻板印象”。

针对上述的不平衡或者说“对象与方法”分离导致的学科隔阂，20 世纪后期诸多海内外学者努力弥补并构建沟通的渠道或桥梁，比较著名的有“国际中国哲学学会”的成立，其创办了有关中国哲学和东西方比较哲学的专门刊物，如《东西方哲学》（*Philosophy East and West*）、《道——比较哲学杂志》（*Dao—A Journal of Comparative Philosophy*）、《中国哲学季刊》（*Journal of Chinese Philosophy*）和《中国哲学前沿》（*Frontiers of Philosophy in China*）等，这些都在国际学术界产生了较大影响，所发表的不少文章探讨了中国伦理中的重要主题，如性善性恶、立德成仁、天人合一等。不过由于部分西方学者对中国古代哲学思维方式有隔膜，对于“古代中国是否有真正的哲学”“中国伦理传统能否与现代性契合”等问题，在各种学术会议上仍会有一些争论。

转机出现在 20 世纪最后 1/4 的时段里，由于生态主义、女权主义、关怀伦理、德性伦理在兴起一段时间后逐渐被主流思想所接纳和承认，这些流派的思想家从自身问题出发对西方现代工业社会的种种弊病做出的分析评判，以及少数学者在此过程中对中国古代德性伦理、贤能政治、生态思想和阴阳互补等思想的发掘借鉴[①]，在某种程度上起到了“无心插柳柳成荫”的宣传作用，促使一部分欧美思想家意识到中国古代伦理思想在分析和解决现代社会伦理问题时的独特价值，并愿意以之

---

① 斯洛特. 阴阳的哲学：一种当代的路径. 北京：商务印书馆，2018.

作为严肃的研究对象进行长期深入的交流，这为21世纪中国和西方国家彼此就伦理问题进行持续有效的交流对话积累了重要的前期学术基础。

正如同任何跨文化交流一样，东西方伦理之间的交流、互动对于中国现代伦理的形成既有积极作用，也有一定的风险。关于欧洲思想输入对于中国本土伦理观念的冲击及其潜在“危险”，民国学者即已有认识，张星烺先生在1934年出版的《欧化东渐史》中专立一章讨论“无形之欧化即欧洲思想文明之输入”，其中讨论“伦理思想”的小节中说道：“今之革命家喜新厌旧，打倒一切旧物。举所有中国旧伦理而推翻之，而又无新伦理而代之，使全国彷徨歧途。”[①] 当然后来的历史发展在有些方面超出了张先生当时的预期，不过在很多方面也没有如他所担心的那样糟糕，并没有出现因革命家和一小部分激进知识分子的存在而出现“未有外人来灭吾种，而吾人已自相残灭”的悲惨后果。对于中国人的伦理特质与西方国家不同的那些方面的发掘与阐释，西方学者迟迟没有做出超越其前辈的成就，这与其中主要发达国家从19世纪中期起在对中国关系中取得的强势地位有关，主流学者习惯了接受将中国视为“文明落后地区”的意识，自然也会影响到他们对中国伦理思想研究有无价值和价值大小的判断。

从某种程度上可以说，从1793年马噶尔尼使团访华受到“不平等的冷遇”开始，也由于对在清朝初年的“礼仪之争”中天主教徒被驱逐事件的历史记忆的复活，欧洲教会界积蓄的对中国文化的轻视情绪在18世纪得到了强化，并且最终在第二次鸦片战争期间，由于英法军队对华军事行动的成功和战争中一些教会人士的积极配合，教会与世俗界实现了要求“积极改变中国”的认识之合流。这种情况在此后将近100年里长期存在，其影响甚至一直延续到20世纪后期。当然中国文化在欧洲的形象高低起伏，也受到欧洲国家自身国力强弱和知识群体“文化自信”强度的影响。在特定时空条件下，有些国家和地区为了特定需要甚

---

① 张星烺．欧化东渐史．北京：商务印书馆，2009：100.

至故意忽略或者扭曲贬低中国文化的成就（如现代法国著名学者安田朴教授所列举的德国美因茨印刷博物馆的例子①）。中国人的伦理观念自然也成为他们批评和抨击的对象，而在此过程中著名思想家如孟德斯鸠、黑格尔等人的观点又经常被援引，他们那些并非确切的观点，直至 20 世纪最后 10 年，仍是大部分欧洲普通公民了解中国伦理观念的主要来源。

不过进入 21 世纪后，随着中国改革开放的深入和中外交流的日益频繁，普通外国人有机会与中国人一起工作生活，也了解到中国人的伦理观念有着十分丰富的内涵，远非他们以前通过自己国家有限的渠道所了解的那样。例如，有些在北京、上海长期工作的欧美人士，就发现现代中国人的道德观念相当自由开放，在很多方面和欧美相当接近。在这些城市生长起来的中国孩子具有相当强的权利意识和独立观念，如果从中学起就到欧美国家接受教育，影响他们更多的就是那些国家的伦理观念，而不再是中国传统的儒家观念或者革命道德。

当然，中国地大物博，不同区域的发展差距很大，在上述这些大城市工作生活的外国人在惊讶于中国年轻一代的伦理观念和欧美社会趋同时，广大内陆城市和农村却正在经历着工业化带来的社会伦理变迁的冲击，这些地区的中国民众的伦理观念、关系、行为也有影响深远的变化②。例如，大量的农民工进城务工造成传统日常实践性很强的“孝道”遇到很大挑战，空间距离的阻隔使原来用来评判是否尽孝的礼节如“晨省昏定问安”、“洒扫应对进退”乃至“遇病亲奉汤药”等都变成了奢望，这些礼节转化成为电话问候和“送钱尽孝心”。这并不是因为儿女道德堕落，而是他们工作的新环境对他们提出了新的伦理要求：作为公司员工他们必须保证上班出勤率，而且这与他们的报酬和升迁密切关联。为了让孩子在城市有一个稳定和基本体面的生活环境，他们可能需

① 安田朴．中国文化西传欧洲史：上册．北京：商务印书馆，2013：32．

② 如华裔美籍人类学家阎云翔的一些作品，参见：阎云翔．中国社会的个体化．上海：上海译文出版社，2012；阎云翔．私人生活的变革：一个中国村庄里的爱情、家庭与亲密关系（1949—1999）．上海：上海人民出版社，2017．

要付出更多时间精力，而对父母那一方面的照顾可能就会弱化一些。中国传统的伦理观念体系，由于假设祖父、父亲、儿子是生活在同一个地理单元小空间内或者住所相距很近，认为“父慈子孝”的行为示范可以感染和传承。但是，到了现代的中国大城市，三代人在一起需要的生活空间居住成本，大多数从农村进城奋斗发展的年轻人是担负不起的。于是为了实现对子女的慈爱和期待，尽孝的伦理义务就被排在了比较靠后的位置，也就是说，“慈”和“孝”之间不再具有“自然示范”的连带功能，而是发生了某种冲突，需要伦理主体做出某种取舍。

那么是不是可以说随着工业化、全球贸易分工以及商品、资本、部分人员的自由流动，中国人的伦理已经变得日趋西方化或者全球化，正走在一条远离自身传统的新道路上了呢？从表面现象上看，中国人旧有伦理生活的基础组织形式发生了重大变化：城市里多数是以父母和子女为主体的“核心家庭”，很少出现几代人聚居一室的现象（原来在大城市扩张开发建设过程中城乡接合部可能会出现这类情况，但也不会持久）；随着现代养老福利制度和社会保障体系的建立，父母亲年老退休后也不一定由子女承担全部的照料工作，传统道德中“羔羊跪乳、乌鸦反哺”式的经济赡养义务可以由公共机构承担大部分，似乎孝道的“经济基础”要求已经不是那么迫切；父母与子女之间的权利义务界限意识也逐渐清晰明确。在一些经济条件较好的城市，父母一般都会鼓励或允许子女成年后出去单独居住以满足他们的社交需求，平时也并不过多干涉他们的日常生活，尽可能以平等的姿态进行生活指导和经验交流，从形式上来看，这已经与欧美国家父母与成年子女之间的相处模式十分接近。

即便如此，也不能简单认为中国人的伦理观念已经在全球化的浪潮中变得与西方国家完全一致，其中的关键点在于伦理变化的思想背景及道德与法律的配合。早已有学者指出，所谓欧美国家父母与成年子女人格平等、互相独立的特征其实也是一种现代现象，如同这些国家的妇女获得投票权是20世纪的新发展一样，成年子女获得法律上的平等地位并且能够在事实上不依赖于父母而独立生活，也需要诸多特定的社会历史经济条件作为支撑（如充足而价格合理的商品房屋供应、未成年人保护法规的完善、青年就业和生活保障体系的确立、公共交往文化空间的繁荣和医疗服务网络的建立等）。在当下中国社会的转型过程中，这些条件正在分层次地逐渐实现。但正如学者马克斯·韦伯等所指出的：资本主义作为一项影响深远的经济-社会制度综合安排，其发生成立和持续存在需要诸多的内外条件和支撑力量，并不是所有的社会组织形态都适合移植某些“据说有效”的支配方式。任何一种特定制度模式的实现都是需要成本、依赖特定机遇的，中国社会在现代转型过程中依赖的那些文化制度资源，显然不可能与欧美工业化过程中依赖的完全一样，信息时代的精神生活与观念传播方式相比于蒸汽和电力工业时代也有了巨大变化，这就几乎注定了中国现当代的伦理变迁会呈现与此前的工业化国家不同的形态。

具体说来，全球化时代的中国伦理变迁可能会在以下方面呈现出与西方现代工业社会不同的样貌：由于中国人几千年来对教育的高度重视，更由于教育成就在中国社会的评价体系中长期居于核心地位，父母对子女的关注会沿着“教育深造优先”这条路线延伸，出现很多与之相关的伦理新样态。例如，在现代中国的大中小城市，为了给子女争取更好的教育条件或者加强监督保证学习效果，“母亲陪读”是一种很常见的现象，甚至有一些母亲舍弃国内生活到国外陪子女读书多年。在欧美女权观念比较强的人士看来，这是一种典型的“侵害母亲女权”的现象，或者认为这样的母亲舍弃自己独立追求幸福生活的权利，十分不明智，但在中国的伦理观念体系中，这会得到多数人的理解。这并不是出于传统的“三从四德”，而是出于一种对自我社会成就感的确认，“子女有出息”是对一位母亲辛劳奉献的最好回报，而子女对此懂得感恩，也会得到公众舆论的认同。在现代中国社会屡屡成为舆论热点的“天价学区房”“贵族培训班”等现象，其实都和上述的“教育价值优先”相关。

二、促成现当代中国人伦理变迁的社会与技术原因

与当代社会变迁相关而又保留了某些传统中国伦理观念特质的现象，还包括大型企业管理和基层部分县乡权力分配中的利益家族化，尽管这一现象虽然不是中国特有（欧美现代社会中大型跨国资本集团的家族传承和美国若干“总统家族”的存在就是明证），但很容易被国内外人士解读为中国传统家族伦理的现代影响。正如本书第二、三两章所介绍的那样，由于中国传统伦理思维方式中存在着“家—国—天下”的次序格局和在社会关系中“拟家庭化”的倾向，只要还没有出现在家庭、社会、国家三个层面上足以全面取代这种体系的新伦理，仍然受着“传统观念之网”束缚的社会成员，就会自觉或不自觉地把以往的伦理习惯带到新的生活情境中（如在工作利益分配时按照差序格局优先考虑自己的亲属）。尽管从清末民国时期开始，一些知识分子就针对中国社会的种种道德弊端进行批判和分析，但由于内陆大多数地区的社会经济基础并未得到实质性的改变，他们提出的激进口号也很少能得到落实。即使是当时的中华民国政府动用国家行政力量和宣传机器开展所谓的“新生活运动”，想借机以树立“新道德”，也最终因大部分民众的生活结构没有实质性改变而悄悄收场。

经济生活形式和内容的变动决定包括伦理关系和道德观念在内的上层建筑的变革。最终促成中国人的伦理观念发生重大变化的，还是20世纪中后期陆续开展的一系列触及基本生产方式和生活形态的变革。例如，表面上看来是20世纪50年代中后期大规模开展的“社会主义教育运动”改变了传统的宗族观念，实际上根本的原因还是此前开展的土地改革和农村社会主义改造将族产平分给农民，并且当时的基层公共权力组织不允许族权机构和个人在基层财产继承分割、诉讼、婚姻等问题上有决定权，从财力基础和人员权威两个方面摧毁了族权的根基，也从根

本上改变了人们的伦理观念，从“有困难靠宗族”变迁到了“有困难找政府”。至于父权和夫权的消退，则要等到改革开放以后，随着“核心家庭”经济创造力的逐渐增强和社会公共服务与保障体系的建立，尤其是工业化与城市化带来的大规模人口流动和职业分工需求，使原本只能依赖旧有家庭资源的个体可以不再依靠父母的养活、妇女可以不再依靠丈夫的养活，而在城市里独立生存，很多时候新的生活环境给他们提供的人生机会甚至远远超过了旧格局，此时父亲和丈夫的权威受到了根本的冲击。例如，人类学家阎云翔，通过多年生活体验和掌握的当代社会学调查方法进村做专业田野调查，对中国东北黑龙江省一个交通不便的山村中家庭伦理的变迁做了细致深入的调查。他曾引用当地村民的话，将村里过去50年最重要的变化概括为“爷爷变孙子”和“妇女上了天”，前一句是指父母对儿女管制权力的下降，说明下一代在家庭生活中的重要性和自主性都大大加强；后一句则是对农村集体化时代“妇女能顶半边天”的进一步渲染，旨在说明妇女地位的巨大变化[①]。至于出现这种巨大变化的原因，则可以从1949年后新政权对男性家庭暴力的持续惩戒、农村男性离婚后再婚成本的高昂以及改革之后妇女对家庭的总体贡献更大等方面来归纳，且都能找到相应的证据[②]。夫妻双方在家庭中的经济贡献会影响各自的实际地位和“话语权”，在中国历史上早有渊源，如一些文学作品描绘的“上海女人家庭地位高”，其经济原因曾被研究明清江南经济史的学者所指出，到了近现代仍有绵延[③]。20世纪50年代以来中国政府推行的男女同工同酬和鼓励妇女参加几乎所有行业劳动的政策，在客观上为妇女提高自身家庭地位创造了制度文化氛围和经济来源基础，这就与奉行“唯女子与小人为难养”（《论语·阳货》）的传统中国社会伦理信条有了本质性的区别。

还应该指出的是，现代中国社会民众普遍接受的一些与世界其他主

---

① 阎云翔．私人生活的变革：一个中国村庄里的爱情、家庭与亲密关系（1949—1999）．上海：上海人民出版社，2017：120.

② 同①120-123.

③ 李伯重．“上海现象”与明清以来江浙地区纺织业的发展．光明日报，2002-08-13.

要文明国家具有高度“重叠共识度”的伦理观念如平等、自由、公正等，其迅速传播扩散与中国引进现代传播技术密不可分。此处可以举清末民国时期同样宣传上述价值的谭嗣同、陈独秀两位重要的伦理思想家为例。在清朝光绪帝锐意改革并得到朝野上下很多人支持的背景下，当时的谭嗣同兼有改革新锐派和朝廷中层官员双重身份，他以激烈的态度批判传统中国伦常思想的主要形态“五伦”，认为这是境界低下的“据乱世之法”。排在“五伦”第一位的“君臣有义”更是遭到谭嗣同的痛斥：“由是二千年来君臣一伦，尤为黑暗否塞，无复人理，沿及今兹，方愈剧矣。”① 谭嗣同也深知中国人对孔子的崇敬根深蒂固，因此采取与其师康有为类似的“尊孔抑荀”策略，认为孔子“黜古学，改今制，废君统，倡民主，变不平等为平等”②，而将“三纲五常”钳制压迫人性的罪过都归结到“荀学”与“秦政”，他抨击二者的名句如：“故常以为二千年来之政，秦政也，皆大盗也；二千年来之学，荀学也，皆乡愿也。惟大盗利用乡愿，惟乡愿工媚大盗，二者交相资，而罔不托之于孔。”③ 谭嗣同唯独对朋友一伦评价极高：“五伦中于人生最无弊而有益，无纤毫之苦，有淡水之乐，其惟朋友乎？顾择交何如耳，所以者何？一曰‘平等’，二曰‘自由’，三曰‘节宣惟意’。总括其义，曰不失自主之权而已矣。”④ 除了与朋友接近的兄弟伦理勉强可接受外，其余伦理关系在他看来都像地狱一样。不过由于谭嗣同壮年牺牲，他的著作的早期刊布主要是由梁启超在日本东京和横滨等地完成的，其思想来源包括了西方基督教思想、近代启蒙民权思想、近代自然科学等，论述风格也是和康有为的《孔子改制考》一样杂引经史文句，且常以诘问等句式阐发观点，当时的普通读书人并不是很适应，因此在最初的二三十年内影响并不大。

比谭嗣同稍晚的中国新文化运动名人陈独秀，早年也曾经是康有为、梁启超师徒的崇拜者，写过一些拥护康梁主张的文章，对谭嗣同的思想也有所了解。由于特殊的历史机缘，陈独秀批判传统“三纲五常”

---

① 谭嗣同．仁学//谭嗣同．谭嗣同集：下册．杭州：浙江古籍出版社，2018：359-360.
②③ 同①359.
④ 同①373.

思想的文章取得了巨大的成功，尤其在青年人中间影响深远。从批判观点的激烈程度来看，陈独秀比谭嗣同还是要温和很多，他在《新青年》上发表文章时也曾承认："儒者三纲之说，为吾伦理政治之大原，共贯同条，莫可偏废。"在《宪法与孔教》一文中他又指出："孔教之精华曰礼教，为吾国伦理政治之根本。"陈独秀认为传统纲常名教之所以应该废弃，主要是基于尊卑区别的"阶级制度"，与共和体自身赖以立足的独立、平等、自由诸原则不相符。陈独秀进而指出，阶级制度是古代东西方国家所共有，并非儒家特别喜欢专制："此等别尊卑明贵贱之阶级制度，乃宗法社会封建时代所同然，正不必以此为儒家之罪，更不必讳为原始孔教之所无。愚且以为儒教经汉、宋两代之进化，明定纲常之条目，始成一有完全统系之伦理学说。斯乃孔教之特色，中国独有之文明也。"① 当然我们可以说陈独秀在此处是采用了"以退为进"的辩论策略，重点在于后文指明孔子之道已经不能适应"今日竞争世界之生存"②，因为西洋式新国家、新社会的伦理基础就是"以平等人权为基础"。

根据有关思想史学者的研究，在近代中国对普通城乡公众（指东部和南方接受了部分近代工业化成果的省份，内陆偏僻地区暂不论）思想观念变迁影响较大的主要有四大渠道：一是新式中小学堂和各类大学；二是新式书报出版传播机构；三是各类公众集会演说；四是一些学会与科学团体的专业知识普及活动。如果某些新潮人物能够充分利用这些渠道来扩大其影响力，他的思想对相应传播对象的影响效果就是极其明显的。陈独秀恰恰在这些领域都有积极的表现：他曾在近代中国的文化中心上海主编了新式铅印期刊《新青年》，后来又受邀到北方的文化中心北京担任第一高等学府北京大学的文科学长，经常向学生和街头公众发表演说，并且是重要的学者团体"白话文运动"的主将，因此他的相关伦理学说在当时给青年们留下了深刻印象，以至多年以后，毛泽东称陈

① 陈独秀．宪法与孔教//陈独秀．陈独秀文集：第 1 卷．北京：人民出版社，2016：182.

② 同①183.

独秀是“五四运动的总司令”。

社会阶层分化和传播技术更新对伦理观念变迁的影响，不只表现在过去的历史中，它对理解现代中国的某些伦理新现象也是有重要启发意义的。例如，随着21世纪初中国移动互联网的迅速发展，“网民围观”和“舆情发酵”成为左右集体道德判断的重要力量，2016年冬季，深圳发生的“罗尔为女治病筹款”事件，就是一个网民道德心理随着网络舆论变化而迅速转变的重要案例。事件起因之一是深圳媒体工作者罗尔为了给身患白血病的女儿罗一笑治病，在微信平台上发布了《罗一笑，你给我站住》，并迅速获得网民同情，大家纷纷以微信赞赏该文的方式给这位不幸的小姑娘捐款，累计捐款额达到260余万人民币。不久有媒体同行发文指出：罗尔夫妇名下有3套房和2部车，其女儿也有医疗保险可以报销部分治疗费用，这次捐款系有公关公司借机营销。部分网民觉得自己感情受到欺骗（因当时深圳房价已经涨得很高，拥有3套房很容易挑动大众的敏感神经），纷纷发帖质问并要求退钱，后来微信官方介入，发布声明表示罗尔本人会将收到的全部捐款原路退回，涉事的另外一家网络营销P2P公司收到的捐款也原路退回，当年年底罗一笑因病去世，该事件也入选当年道德观察热点。在这个案例里，传统中国伦理观念的“恻隐之心”“慈孝爱亲”“诚实不欺”等原则都在短时间内被发达的网络媒体调动起来，并且由于“高房价”和“网络公关利用公众同情心”等潜在社会心理背景而发生了冲突。尽管中国古代也有“忠孝难两全”“大义灭亲”等伦理原则冲突的现象，但多数是个人在小家之“私”与国家之“公”之间产生，且主要看道德主体自身的抉择（选择任何一个原则降低标准都可能取得妥协，并自圆其说获得公众谅解）。而在上述的现代中国“网民道德评价”的伦理语境下，当事人被卷入涉及公众情绪变化的微妙机制后，几乎没有个人回旋余地，要么承担与“唯利是图”的P2P公司合谋的恶名（道德品质遭受质疑的同时可能还得退款），要么主动退款以显示个人发文出于亲情并非为了牟利，无论是哪种路径，事件中原来存在的“道德心理发动机制”都迅速被冲淡了，以至于当初出于希望小女孩获得救治而病情好转的那些公众善意，也被淡忘。

群体道德心理受到网络媒体刻意操纵而发生“剧情反转”的案例，在中国近些年还发生过好几起，几乎都是由于公众情绪被便捷的互联网社交平台影响。在最近 20 年欧美的道德心理学前沿研究成果中，曾有多项研究涉及人类的道德直觉判断如何优先于理智逻辑推演（例如，美国学者乔纳森·海特的《正义之心》），但绝大多数都是以个体为单位且是在和高等社会性动物对比的基础上得出结论的。互联网社交平台这种能够很方便地传播个体当下情绪的工具，是否也会在物理空间高度分散个体的“下意识道德反应”中，插入人为操纵控制的“信息屏蔽筛选之幕”？这种介入和操纵对群体伦理心态会有什么样的影响？这些问题不仅是当下中国社会需要思考和回答的伦理疑惑，也同样适用于正在经历信息化冲击的欧美发达国家，以及那些将要走上工业化和信息化道路的其他国家。中国在工业化和信息化同步推进的过程中出现的这些伦理新现象，对于道德哲学家和研究技术社会影响的学者而言，同样是富有吸引力的新领域。

三、西方评价和文明对话：中国伦理的贡献

在谈到西方近现代思想家对中国伦理的评价时，一个不容回避的话题是马克思对传统中国社会道德的议论。尽管马克思本人并不是他那个时代的“东方问题专家”①，但在 19 世纪 50 年代至 60 年代初，他曾应美国《纽约每日论坛报》编辑部之约，以该报海外通讯员的身份，接连撰写了多篇讨论中国问题的报道，涉及两次鸦片战争、太平天国运动、

① 当时法国、英国等国家的一些大学已经设立有“汉学教授”或者同等含义的教学研究职位，如法兰西学院在 1814 年设立的汉学讲座由雷慕沙执掌教席、19 世纪 40 年代在伦敦国王学院设立的汉学教席等。可参考：熊文华．英国汉学史．北京：学苑出版社，2007；许光华．法国汉学史．北京：学苑出版社，2009；葛桂录．中国古典文学的英国之旅：英国三大汉学家年谱：翟理斯、韦利、霍克斯．郑州：大象出版社，2017.

英国对华鸦片贸易和侵略、俄国在远东的武力扩张等主题。在这些文章中，也偶尔会涉及对中国人道德状况的评价，如："中国军队无论军事技术怎样差，却决不缺乏勇敢和锐气。"① 马克思也指出，当时"在中国以外的大多数人很少关心这个国家的社会和道德状况"②。不过马克思对中国民众道德伦理状况的这些具体议论细节，影响力远不如他针对欧洲社会生活所做的一些经典分析判断，例如，1949 年之后曾被中国很多社会科学研究者反复引用的小农经济特征之"马铃薯比喻"，其实是马克思在他的著名政治论文《路易·波拿巴的雾月十八日》中提出的，针对的是 19 世中叶法国农村的生活状况。他说："小农人数众多，他们的生活条件相同，但是彼此间并没有发生多种多样的关系。他们的生产方式不是使他们互相交往，而是使他们互相隔离。……法国国民的广大群众，便是由一些同名数简单相加形成的，好像一袋马铃薯是由袋中的一个个马铃薯所集成的那样。数百万家庭的经济生活条件使他们的生活方式、利益和教育程度与其他阶级的生活方式、利益和教育程度各不相同并互相敌对，就这一点而言，他们是一个阶级。而各个小农彼此间只存在地域的联系，他们利益的同一性并不使他们彼此间形成共同关系，形成全国性的联系，形成政治组织，就这一点而言，他们又不是一个阶级。"③

这里之所以不避冗长引用"马铃薯比喻"的原文，是为了让读者看到马克思究竟是在怎样的背景下分析法国小农经济的，而其后面有关小农缺乏自我代表能力，因而需要别人来代表的名句在中国更是广为人知："他们的代表一定要同时是他们的主宰，是高高站在他们上面的权威，是不受限制的政府权力，这种权力保护他们不受其他阶级侵犯，并从上面赐给他们雨水和阳光。所以，归根结底，小农的政治影响表现为行政权支配社会。"④ 用这两段话来描述 19 世纪中期法国农村的社会生

---

① 中共中央马克思恩格斯列宁斯大林著作编译局．马克思恩格斯论中国．北京：人民出版社，1993：50.

② 同①47.

③ 马克思，恩格斯．马克思恩格斯选集：第 1 卷．2 版．北京：人民出版社，1995：677.

④ 同③678.

活状况堪称经典，尽管马克思并未到法国基层农村做过深入调查，但他曾长期在巴黎居住生活，并且和来自法国下层社会的劳动者多有直接交往，再加上他勤奋不懈地查找阅读有关经济社会的档案文献和研究论著，他对法国农村社会的分析可谓入木三分，并且其若干结论也被后来的社会学研究所证实。不过要将这段结论直接移植到同时期或者以后半个世纪的中国农村，其适用效力就是值得讨论的问题了，这一问题需要放回到近现代西方学者观察和研究中国问题的历史线索中去理解，尤其值得参考的是和马克思思想关系较近的德国学者的相关认识。

20 多年前，清华大学的一批学者曾经选编了大航海时代以来世界上 60 多位各领域名人对中国文化的观察评论[①]，其中德国有 13 位思想家入选：莱布尼茨、沃尔夫、康德、赫尔德、歌德、黑格尔、谢林、韦伯、施韦策、布伯、凯泽林、施本格勒、雅斯贝尔斯。其中有些人物如沃尔夫曾发表过有关中国人伦理道德的专题演讲，凯泽林则到过中国上海等地，并在其名著《一位哲学家的旅行日记》中对中国人的伦理道德状况进行了详细描摹。如果暂时不计入现代德国几位著名汉学家对中国伦理道德的研究，我们发现在这个名单谱系中正好在谢林与韦伯之间给马克思空出了位置，其实黑格尔与谢林是马克思的直接理论前辈，韦伯则是继马克思之后做过中国宗教伦理专题研究并产生了巨大影响的学者。如前文所述，马克思其实写过不少有关中国的专题文章，集合起来数量要胜过他的多数德国同胞，不过他论述的重点在于经济贸易、政治外交、军事动态等方面，对于中国文化并未做专题研究，再加上他在当代中国的影响力已经无须介绍，其相关著作的中译本也很容易得到，编选者在德国部分未收入马克思对中国文化的论述也自有其道理。或许是根据出版方的“建议”（声明原作者），《中国印象：世界名人论中国文化》出版时加上了“黑格尔、康德、韦伯、汤因比等 62 人著”，这样一个颇显冗长的作者集体代表署名。在 21 世纪初的中国知识分子圈里，其实影响较大的还是黑格尔对中国文化的批判性观点，例如，他说：“我们看

① 何兆武，柳卸林．中国印象：世界名人论中国文化．桂林：广西师范大学出版社，2001.

到孔子和他的弟子的谈话，里面讲的是一种常识道德，这种常识道德我们在哪里都能找得到，在哪一个民族里都找得到，可能还要好些，这是毫无出色之点的东西。孔子只是一个实际的世间智者，在他那里思辨的哲学是一点也没有的——只有一些善良的、老练的、道德的教训，从里面我们不能获得什么特殊的东西。"① 黑格尔也谈到了《易经》和《老子》，认为"中国人也曾注意到抽象的思维和纯粹的范畴"，不过这些偶尔的智慧闪光并未带来哲学思辨的有效发展，黑格尔根据《易经》很快从抽象符号转化到天、地、风、雷、水、火、山、泽等自然形象这一事实，认为"他们是从思想开始，然后流入空虚，而哲学也同样沦于空虚"②。今天有学者指出黑格尔对中国哲学评价较低是因为他能看到的有关中国哲学的翻译作品太少。的确，在黑格尔的"哲学史"前后九次授课过程中，他提到书名并且有引文的中国经典只有三种：1687 年在巴黎出版的拉丁文译本《中国哲学家孔夫子》；1776 年在巴黎出版的《关于中国人的追述》中阿米欧神父对古代中国的论述；1823 年在巴黎出版的雷慕沙所著的《关于老子生平与意见的追述》，鉴于雷慕沙（Jean Pierre Abel Rémusat，1788—1832）与旅居巴黎的德国语言学者克拉普罗特（Heinrich Julius Klaproth，1783—1835）交往密切，两人经常相互讨论切磋，后者掌握包括汉语在内的多种东方语言，还曾创办《亚洲杂志》，可以想见他们的观点在欧洲大陆有较大的影响力。这两位学者都算是黑格尔同时代的人，他们的研究译介工作显然也受到了黑格尔的关注。出版家霍夫麦斯特（Johannes Hoffmeister）曾搜集欧洲各国图书馆所藏的有关黑格尔"哲学史"的听课笔记十多种，并于 1940 年编排整理出版了"文献考证版"的黑格尔《哲学史》，笔记反映出黑格尔当年讲课时，曾大量引用雷慕沙对中国道家哲学经典的原文翻译和评述，并做出自己的解析③。

① 黑格尔. 哲学史讲演录：第 1 卷. 北京：商务印书馆，2011：130.

② 同①133.

③ 这些引文和述评见于上述《哲学史讲演录》中文译本第一卷第 132 页至 144 页，篇幅几乎是《哲学史》第一个版本，即 1833 年米希勒版本的三到四倍，也提到了与上述三书有关或者在其涵盖范围之外的一些中国文献，如《孟子》以及中国人的诗歌，不过有关黑格尔时代德国汉学的具体文本的研究成果，目前还很有限。

关于黑格尔的批判观点对于中国哲学自我反思的意义，至今仍然是一个富有争议性的话题。不过可以肯定的是，黑格尔的批评在现当代中国语境里显然成为一种有益的“他山之石”，能够帮助那些发展批判性意见的学者比较方便地建立起自己的论证系统。正如当年伏尔泰为了抨击法国严重的等级特权制度，半是故意半是因为缺乏足够材料，通过自己的生花妙笔，把中国塑造成了一个理想的“平等之国”，甚至那些后来被批判为专制独裁的清朝君主，也被其美化成了圣德仁慈、关心民众疾苦的圣路易式的人物。中国的伦理道德究竟内核如何，在那个时代对很多欧洲学者来说还是一个陌生的问题，正如前文所引用的马克思在 19 世纪中期所发表的观点，即大多数外国人很少关心中国的社会和道德状况。20 世纪初，德国社会学家韦伯还在与其他学者的通信中称赞中国的将军和士兵具有一种为国献身的古老勇气，这种古朴的道德在德国本土已经消失很久，但从对方的语气来看，似乎中国民众的道德层次很低无可取法。

由于中国社会从 19 世纪中期以来接连遭受来自欧洲强国和日本的侵略，军事、外交、贸易方面的失败使黑格尔时代形成的“优势思维”印象一直持续到 20 世纪。自从新文化运动以来，中国知识界兴起的激进思潮弥漫于各个领域，对等级纲常和父权、夫权、族权的批判持续多年，多年的内部战争和对妇女劳力的动员则几乎消灭了上述权力的经济基础，对儒家纲常赖以立足的经典古籍和外在象征符号进行了从里到外几乎是毁灭性的打击。而 20 世纪 80 年代曾在中国一度盛行的“黄色土地文明”与“蓝色海洋文明”对立的论调，则从另外一个角度将传统文化描绘成现代化的绊脚石，残存的传统伦常观念则是“愚昧落后”的现实注脚。当时中国掀起了自民国以来对西方哲学社会科学著作翻译的第二波高潮，启蒙运动以来的主要思想家的重要作品以节选或全译的方式纷纷登陆中国，洛克、卢梭、孟德斯鸠、斯密等思想家的名句被中国知识分子所熟知；尽管当时也曾掀起复兴传统文化的运动，但其影响力和锋芒显然对年轻人的吸引力不如前者。

如果在 30 多年前讨论“中国伦理对当今世界能有哪些积极贡献”，

可能得到负面讥讽的概率要远远大于得到中肯解答的概率，因为那时流行的是社会主义市场经济基础上的思想解放，而且是从城市首先兴起的；尽管国民教育系统仍然在比较谨慎地延续和修正六七十年代的道德表述，但其基调仍然是除旧布新，传统伦理道德的大部分内容仍然作为“糟粕”被抛弃，其中的少数合理成分，只能在一些影视作品对“老式好人”的形象塑造中觅得一些痕迹。

真正的改变仍然来自经济结构的改变，随着中国社会大规模工业化、城镇化的推进，留守在偏僻乡村的传统伦理观念也正在逐渐失去立足之地，以青壮年男女劳动者为主体的进城务工人员，在比较短的时间内就接受了现代城市的生活方式和伦理观念。原来在欧美发达工业国家出现的“城市陌生人社区”在中国大中城市也广泛出现，工厂和公司对员工考勤纪律的监管也使员工很多时候不得不选择接受新的“责任伦理”，而在一年中的大多数时间放弃原来的“孝敬奉养父母”和“慈爱教育子女”的伦理规范要求。中国近些年来拍摄的反映进城打工者和乡村留守老人儿童生活的纪录片，十分逼真地再现了这一伦理观念和行为变迁的过程。当初欧洲走向工业化过程中积累的伦理观念冲突和由此引发的社会弊病，曾部分地反映在马克思著名的“异化”理论中，由于资本机器的高速运转和整个体制的控制欲压榨，大部分人（不仅仅是劳动者）都沦为资本再生产体制的监控对象，旧有的乡村血缘、封建义务伦理观念、城市法团组织伦理都遭到了极大的削弱，取而代之的是资本主义自身的文化生产模式和“个人奋斗伦理”。中国的新体制曾经是以批判资本主义剥削为基础而建立的，尽管在革命年代，革命领导者们并没有多少机会去仔细检验中国当时的城市工业资本主义体制，考察其是否能够准确对应马克思主义经典作家那些概念范畴，但是“剥削”和“压迫”这两个词汇被成功运用到分析中国传统社会各阶段的生产特征中去，并产生了近代历史上中国人民饱受“三座大山”压迫的著名理论。即使在1949年中华人民共和国成立后，对“旧社会”的分析和清算仍沿着革命惯性持续下来，并且随着在大城市打击扰乱市场秩序的不法资本家的运动和“忆苦思甜”等活动而继续深入，“社会主义教育运动”

则比较系统地向人们介绍了区分新旧伦理的概念工具和思维框架。不过这些活动因为后来的某些失误，产生了负面影响："大跃进"造成的重大经济损失使领导层开始反思"先进优越"的制度文化和高于资本主义的生产效率之间的逻辑性关系，后来以"改造旧文化"为鲜明主题的社会政治运动，则更说明从上述的"理念优越"到事实上的制度效率和行为正义的提升，中间尚有很长的路要走。改革开放 40 多年全方位的改革，和前述的社会伦理观念的逐步变迁一起，印证了这一历史课题的艰难不易。

如果说前文所谈的伦理变迁主要是基于中国自身的自然经济禀赋和社会民情文化，从而显示出与中国之外的文化区不同的特征，而快速工业化和信息化则现当代中国的伦理现象变迁和世界同步，甚至节奏更快。在这次伦理"现代"转型过程中，中国似乎并没有落伍，甚至在一些方面还有可能贡献更多的经验和应对智慧。而如何从中国自身丰厚的伦理道德积淀中汲取智慧和营养，为人们处理工业化、信息化、智能化带来的心灵冲击和伦理震荡，将是此后很长时间里广受学者和普通公众关注的主题。例如，前文提到，中国的儒家、道教、佛教都很早就关注人与整个物质环境如何和谐共处的问题，在"生生不息""道者贵生""众生平等"等伦理信条中都给非生物性的环境留有存在的意义空间。信奉三家学说的中国古代学者多数认为生物和非生物之间存在联通和相互转化的可能，因此宋儒张载才发展出"民吾同胞，物吾与也"的阔大伦理胸襟。时至今日，世界上不少地区的伦理学者还或者为不同国家因持有特定固执信仰而难以和解头疼，或者忧虑人工智能的高度发展会不会带来"机器人的反叛"，用此处"民胞物与"的观念看来，这些都不值得过度忧虑，既然包括石头在内的自然物质都可以成为人类的朋友，倾注了人类灵巧精密思维的机器人当然更是，如果我们对机器人都可以做到爱之利之，为何不能宽容那些只是固执地坚持某些"异端信念"的同类？此处所举的只是几则具体的案例，其他类型的思考与应用可以推而广之。

基于上述讨论，笔者认为"文明对话"这个在 21 世纪之初逐渐兴起的概念，也同样适用于伦理学领域的研究探讨。此前由于担忧世界上不同国家和地区之间发展不平衡和政治体制应对变迁浪潮僵硬迟缓，美国著名政治学者亨廷顿（Samuel P. Huntington，1927—2008）提出了著名的“文明冲突”学说，并且在一定范围内找到了支持其论点的现实证据；但是进入 21 世纪后信息技术迅猛发展，使人类彼此之间最深层次的道德观念也有可能实现交流与共享，互联网自身开放平等参与的特征，也在很多方面稀释了国际政治组织和跨国公司的监管权威，使不同形态的文明彼此沟通和理解成为可能，以往曾经在经济社会发展和科学技术方面落后的民族，也有可能在伦理道德智慧方面做出更为重大的贡献，从而为世界和平增加一种观念性的力量。

四、人类命运共同体：中国人的伦理智慧

关于传统中国伦理能否与现代民主、自由、平等、法治诸价值相容的问题，自新文化运动以来一直是学者们争论的焦点。很多参与者之所以在争辩过程中各执一词不相上下，一个重要的原因在于对上述价值的历史实现形式不能达到认识上的一致。正如前文提到过的有关中国是否有过“真正哲学”的争论一样，这中间存在“名”与“实”的分离和辨析的问题，如果我们一定只把产生于公元前 7 世纪到公元前 3 世纪爱琴海周边、并且以特定语言和论述模式流传下来的那种思维方式及其成果叫作“哲学”，那古代中国当然是没有的。前面提及的民主、自由、平等、法治等伦理价值也一样，它们在最近 400 年内新获得的内涵，远远超过了历史上相应的语汇在其传说中的“原产地”所具有的意蕴，有时甚至是今义与古义完全相反。但如果我们能“求其实而不拘其名”，得到的答案可能会生动丰富很多。

经过一个多世纪以来的东西方直接文化交流和若干代汉学家孜孜不倦的译介，现代不少西方思想家也意识到传统中国社会的伦理价值观表达方式与现代中国很不相同，例如，他们不会斤斤计较去申明个体的自

由范围和权利边界，而是更多强调自身的责任和义务，但是这种责任和义务其实也隐含着他人的权利（如要求“父慈”就意味着子女能够长期享受到父亲的慈爱义务带来的庇护和扶助福利），而承担责任和义务者也将同样获得其他承担责任和义务者“隐性地”赋予自己的权利，用现代中国一句流传很广的道德俗语来说就是“我为人人，人人为我”，前半句是指责任和义务，后半句则是指我因承担了这些义务而能享受到的权利（其他人的同类付出能够为我提供的福利）。

近代西方经济学中有一个影响很大的概念叫“看不见的手”，这个本来有些中世纪神学色彩的词语，因古典经济学家亚当·斯密移植用来指代市场经济功能而广为人知。实际上古代中国的伦理学者为了使有关的社会合作信条得到贯彻，曾不遗余力地发展出与时俱进的概念工具来落实圣贤的伦理教导，除了“四书”“五经”等主要经典反复倡导的“仁义礼智信”等主干伦理价值，以及汉代以来学者们开发的德与才、名教与自然、功利与道义、天理和人欲、知与行之外，某些民间善书和具体的道德场域，还可能把现实社会的身份流通渠道与神秘主义的宗教报应理论结合起来，演化出像《文昌帝君阴骘文》一类的杂糅型道德实践指南。尽管从新文化运动以来这类实践指南被斥为“非理性崇拜”或者“迷信”而遭到批判，但不可否认的是，利用了传统“神道设教”化民成俗经验的社会治理者们，在化解人群内部的疑惑纠纷，通过共同的心理纽带中设置的约束暗示来引导人们向善背恶方面，还是取得了很大成就。今天中国提倡的“人类命运共同体”，其实也是基于上述智慧而发展出来的一种实践工具，尽管形式上不如古代伦理经典命题如“天下为公”“道法自然”“民胞物与”那样精练，但内涵中仍有中国伦理思考的特色。

“人类命运”是一个重要的哲学、宗教学和人类学话题，也是古今哲学家思考的恒久主题，曾有学者将康德的“三大批判”概括为三个问题：“我能知道什么?”“我应当做什么?”“我可以希望什么?”这三个问题汇总起来都是为了回答“人是什么”的“人类学之问”。“命运”在东西方哲学中都是古老的核心概念，有着可能性与现实性、有限与无限、可见可知与不可见不可知、基因与环境、外在资源与主观奋斗、物质定律与自由意志等多重范畴复杂交织的内涵。“共同体”则是 19 世纪酝酿、20 世纪运用成熟并被广泛接受的社会学概念，其重心在于强调那些基于“自然生长”而将人们联结和凝聚起来的因素（例如，家族、宗族基于血缘，乡邻、玩伴基于地缘，神父和信徒、祭司和敬拜者则基于共同信仰），他们早于人类后天有特定目的、基于一定契约规则并通过特定程序加入的“社会”。“人类命运”如何能够成为共同体关注的目标，并且由此而影响其中成员的心理和行为？用中国传统的伦理传达方式来说，这需要“教化”，而且是基于特定理念、有一定方式和程序规定的、能够“赞天地之化”的人文“教化”。

现代学者万俊人注意到，现代东西方教育中道德教育的缺失，是普世伦理难以被接受的主要原因之一；现代教育的专业精细分工体制和“市场化供给人才”方针，使其道德教化功能趋于衰竭和偏废。体制化的教育大多数时候倾向于提供“单向度”的专业技术知识和实用理性功能，人们更看重知识的“投资回报比率”，而不再关注那些看上去虚无缥缈的宏观整体道德图景和意义问题①。人们对客观物质世界和人自身物质部分的认识越来越精细深入，与之相伴的却是变得更加复杂精细宏大的现象世界更难以从整体上被把握，人们不再能像古代中的隐士那样，在粗茶淡饭、布衣温饱的基本需求满足后就“击壤而歌”，满足于已有的意义世界。而且似乎越是在工具理性发达的社会，这种焦虑紧张和衰竭偏废就越是严重。尽管发达国家的乐观主义者也曾寄希望于人类理性能够做到“魔高一尺，道高一丈”，不断开发克服不利环境后果的高明技术（例如，可控核聚变或者移民外星系），但现实的地球资源和人类可利用的“理性时间结合体”，没有给这些客观上总有机会实现的设想以太多等待时间。近年来世界上多个地区不断发生的极端气候现象和一些野生濒危物种的迅速消亡，都促使人们严肃思考在“有限可能的历史时间”之内，如何能够通过自己的集体合作行动，减少或者延缓自

① 万俊人. 寻求普世伦理. 北京：北京大学出版社：2009：334-336.

然给人类设置的“极限障碍惩罚”。“人类命运共同体”在这个背景下出场，有其比较充足的合法性，它并非传统中国哲学自有的概念，却从“天覆地载之恩”“天地化育之德”“乾为天，坤为地”“乾称父，坤称母”中汲取了人类命运系于天地健康运行的基本共识；“知化则善述其事，穷神则善继其志”（《西铭》），张载这两句用以自我砥砺的格言，意境近于康德著名的感叹：“有两种东西，我们愈时常、愈反复地思索，它们就给人心灌注了时时翻新、有加无已的赞叹与敬畏：头顶的森严星空和心中的道德律令。”这两种感言共同构成了东西方伦理智慧的内核。然而与处于世界观察者地位的西方哲学家不同，张载笔下自感渺小的个体，已经领悟到天父地母的功业在于生生不息的化育万物，并且是在实践行动中“穷神知化”，这或许是人在认识到“命运共同体”的地位与来源后，更应该带着敬畏和赞叹去共同行动的理由。就这一点而言，我们可以说张载的《西铭》更为形象地表现了中国人伦理的基本精神，表达了中国传统伦理对构建人类命运共同体智慧的特殊贡献。

“认识中国·了解中国”书系

中国智慧：十八大以来中国外交（中文版、英文版） 金灿荣

中国治理：东方大国的复兴之道（中文版、英文版） 燕继荣

中国声音：国际热点问题透视（中文版、英文版） 中国国际问题研究院

大国的责任（中文版、英文版） 金灿荣

中国的未来（中文版、英文版） 金灿荣

中国的抉择（中文版、英文版） 李景治

中国之路（中文版、英文版） 程天权

中国人的价值观（中文版、英文版） 宇文利

中国共产党就是这样成功的（中文版、英文版） 杨凤城

中国经济发展的轨迹 贺耀敏

当代中国人权保障（中文版、英文版） 常　健

当代中国农村（中文版、英文版） 孔祥智

教育与未来——中国教育改革之路（中文版、英文版） 周光礼　周　详

当代中国教育 顾明远

全球治理的中国担当 靳　诺　等

中国道路能为世界贡献什么（中文版、英文版、俄文版、法文版、日文版） 韩庆祥　黄相怀

时代大潮和中国共产党（中文版、英文版、法文版、日文版） 李君如

社会主义核心价值观与中国文化国际传播 韩　震

我眼中的中韩关系 [韩] 金胜一

中国人的理想与信仰（中文版、英文版） 宇文利

改革开放与当代中国智库（中文版、英文版） 朱旭峰

当代中国政治（中文版、英文版） 许耀桐

当代中国社会：基本制度和日常生活（中文版、英文版） 李路路 石 磊 等

国际关注·中国声音（中文版、英文版） 本书编写组

中国大视野 2——国际热点问题透视 中国国际问题研究院

中国大视野——国际热点问题透视 中国国际问题研究所

构建人类命运共同体（修订版） 陈 岳 蒲 俜

新时代中国声音：国际热点问题透视 中国国际问题研究院

中国生态文明新时代 张云飞

当代中国扶贫（中文版、英文版） 汪三贵

当代中国行政改革 麻宝斌 郝瑞琪

当代中国伦理的变迁 姚新中 王水涣

数字解读中国：中国的发展坐标与发展成就（中文版、英文版） 贺耀敏 甄 峰

中国经济：持续释放大国的优势和潜力 张占斌

对话中国 本书编写组

中国的持续快速增长之道 ［巴基］马和励

中国新时代（中文版、英文版） 辛向阳

中国之治的制度密码（中文版、英文版） 靳 诺 刘 伟

民族复兴的制度蓝图（中文版、英文版） 靳 诺 刘 伟

中国之治：国家治理体系和治理能力现代化十五讲（中文版、英文版） 杨开峰 等

消除贫困：中国的承诺 汪三贵 等

中国农业农村现代化（中文版、英文版） 孔祥智 等

以人民为中心：新时代中国民生保障（中文版、英文版） 郑功成

当代中国社会建设（中文版、英文版） 马庆钰

中国话语体系的建构 贺耀敏

中国互联网治理 匡文波

图书在版编目（CIP）数据

当代中国伦理的变迁／姚新中，王水涣著. --北京：中国人民大学出版社，2021.12

（“认识中国·了解中国”书系）

ISBN 978-7-300-30041-2

Ⅰ.①当… Ⅱ.①姚… ②王… Ⅲ.①伦理学-研究-中国-现代 Ⅳ.①B82-052

中国版本图书馆 CIP 数据核字（2021）第 237805 号

国家出版基金项目

“十三五”国家重点出版物出版规划项目

“认识中国·了解中国”书系

当代中国伦理的变迁

姚新中　王水涣　著

Dangdai Zhongguo Lunli de Bianqian

出版发行	中国人民大学出版社		
社　　址	北京中关村大街 31 号	**邮政编码**	100080
电　　话	010－62511242（总编室）		010－62511770（质管部）
	010－82501766（邮购部）		010－62514148（门市部）
	010－62515195（发行公司）		010－62515275（盗版举报）
网　　址	http://www.crup.com.cn		
经　　销	新华书店		
印　　刷	涿州市星河印刷有限公司		
规　　格	170 mm×240 mm　16 开本	**版　　次**	2021 年 12 月第 1 版
印　　张	11	**印　　次**	2021 年 12 月第 1 次印刷
字　　数	143 000	**定　　价**	58.00 元
